Teoria dos números e teoria dos conjuntos

COLEÇÃO DESMISTIFICANDO A MATEMÁTICA

inter saberes

Teoria dos números e teoria dos conjuntos

Álvaro Emílio Leite
Nelson Pereira Castanheira

inter saberes

Rua Clara Vendramin, 58 • Mossunguê
CEP 81200-170 • Curitiba • PR • Brasil
Fone: (41) 2106-4170
www.intersaberes.com
editora@intersaberes.com

conselho editorial
Dr. Alexandre Coutinho Pagliarini
Dra. Elena Godoy
Dr. Neri dos Santos
Dr. Ulf Gregor Baranow

editora-chefe
Lindsay Azambuja

gerente editorial
Ariadne Nunes Wenger

assistente editorial
Daniela Viroli Pereira Pinto

capa
Mayra Yoshizawa

projeto gráfico
Conduta Produções Editoriais

adaptação do projeto gráfico
Mayra Yoshizawa

diagramação
Fabiana Edições

1ª edição, 2014.
Foi feito o depósito legal.

Informamos que é de inteira responsabilidade dos autores a emissão de conceitos.

Nenhuma parte desta publicação poderá ser reproduzida por qualquer meio ou forma sem a prévia autorização da Editora InterSaberes.

A violação dos direitos autorais é crime estabelecido na Lei nº 9.610/1998 e punido pelo art. 184 do Código Penal.

Dados Internacionais de Catalogação na Publicação (CIP)
(Câmara Brasileira do Livro, SP, Brasil)

Leite, Álvaro Emílio
  Teoria dos números e teoria dos conjuntos / Álvaro Emílio Leite, Nelson Pereira Castanheira. Curitiba: InterSaberes, 2014.
  (Coleção Desmistificando a Matemática; v. 1).

  Bibliografia
  ISBN 978-85-8212-881-7

  1. Matemática – Estudo e ensino 2. Números – Teoria 3. Teoria dos conjuntos I. Castanheira, Nelson Pereira. II. Título. III. Série.

13-07355   CDD-510.7

Índices para catálogo sistemático:
1. Matemática: Estudo e ensino   510.7

Sumário

Dedicatória 9
Agradecimentos 11
Epígrafe 13
Apresentação da coleção 15
Apresentação da obra 17
Como aproveitar ao máximo este livro 18

1. Teoria dos números 21
   1.1 Os números 23
   1.2 Valor posicional dos números inteiros 26

2. Teoria dos conjuntos 31
   2.1 Noções gerais 33
   2.2 Notação e representação 33
   2.3 Relação de pertinência 34
   2.4 Relação de inclusão 35
   2.5 Subconjuntos 35
   2.6 Conjuntos iguais 36
   2.7 Conjunto unitário 36
   2.8 Conjunto vazio 36
   2.9 Conjunto finito 37
   2.10 Conjunto infinito 37
   2.11 Conjunto das partes 38
   2.12 União ou reunião de conjuntos 38
   2.13 Interseção de conjuntos 39
   2.14 Diferença de conjuntos 41
       2.14.1 Diferença simétrica 42
   2.15 Conjunto complementar 43
   2.16 Leis de Augustus de Morgan 43

3. Conjuntos numéricos 47
   3.1 Conjunto dos números naturais (N) 49
       3.1.1 Adição de números naturais 49
       3.1.2 Subtração de números naturais 52

	3.1.3	Multiplicação de números naturais	54
	3.1.4	Divisão (ou quociente) de números naturais	58
	3.1.5	Potenciação de números naturais	62
	3.1.6	Radiciação de números naturais	66
3.2	Conjunto dos números inteiros ou inteiros relativos (Z)		69
	3.2.1	Adição de números inteiros	70
	3.2.2	Subtração de números inteiros	71
	3.2.3	Multiplicação de números inteiros	71
	3.2.4	Divisão de números inteiros	72
	3.2.5	Potenciação de números inteiros	73
	3.2.6	Radicais de números inteiros	73
3.3	Números racionais (Q)		74
	3.3.1	Frações	75
	3.3.2	Frações equivalentes	76
	3.3.3	Múltiplos de um número natural	78
	3.3.4	Mínimo múltiplo comum (MMC)	78
	3.3.5	Números primos e números compostos	79
	3.3.6	Método da decomposição em fatores primos (ou fatoração)	79
	3.3.7	Adição e subtração de frações	80
	3.3.8	Números mistos	81
	3.3.9	Multiplicação de frações	82
	3.3.10	Divisão de frações	84
	3.3.11	Divisores de um número natural	86
	3.3.12	Máximo divisor comum (MDC)	87
	3.3.13	Potenciação de frações	88
	3.3.14	Fração irracional	89
3.4	Conjunto dos números irracionais (I)		90
	3.4.1	O número pi	91
	3.4.2	Radicais semelhantes	92
	3.4.3	Soma e subtração de radicais semelhantes	92
	3.4.4	Multiplicação e divisão de radicais	92
	3.4.5	Introdução e retirada de fatores em um radical	93
	3.4.6	Radiciação de radicais	93
	3.4.7	Potenciação de radicais	93
	3.4.8	Transformação de expoente fracionário em radical	94

- **3.5** Conjunto dos números reais (R) 94
  - 3.5.1 Números decimais 95
  - 3.5.2 Soma e subtração de números decimais 97
  - 3.5.3 Multiplicação de números decimais 97
  - 3.5.4 Divisão de números decimais 100
  - 3.5.5 Potências de números decimais 102
  - 3.5.6 Potenciação de 10 102
  - 3.5.7 Dízima periódica 103
- **3.6** Conjunto dos números complexos (C) 103

4. Reta numérica 113
- **4.1** Intervalos 115

5. Construção de gráficos 121
- **5.1** Par ordenado 124
- **5.2** Produto cartesiano 125
- **5.3** Gráfico de colunas 125

6. Exercícios de revisão 131

Para concluir... 143

Referências 144

Respostas 145

Sobre os autores 155

Dedicatória

Dedico este livro à minha filha, Gabriela, a quem amo muito e agradeço pela compreensão e pela colaboração durante a execução desta obra.

Álvaro Emílio Leite

Dedico este livro aos meus filhos, Kendric, Marcel e Marcella, a quem agradeço pelos momentos de alegria que dividimos e pela compreensão nos momentos em que estive ausente para escrevê-lo.

Nelson Pereira Castanheira

Agradecimentos

Primeiramente, agradecemos a Deus por nos permitir, durante tantos anos, transmitir nossos conhecimentos aos estudantes dos mais diversos locais do país.

Agradecemos aos amigos que sempre nos incentivaram a permanecer na docência, levando o conhecimento àqueles que desejam crescer intelectual e profissionalmente.

Em especial, agradecemos aos nossos filhos, que são inquestionavelmente nossa alegria de viver e dos quais estivemos afastados durante a realização desta obra.

Epígrafe

"Eu creio em mim mesmo. Creio nos que trabalham comigo, creio nos meus amigos e creio na minha família. Creio que Deus me emprestará tudo que necessito para triunfar, contanto que eu me esforce para alcançar com meios lícitos e honestos. Creio nas orações e nunca fecharei meus olhos para dormir, sem pedir antes a devida orientação a fim de ser paciente com os outros e tolerante com os que não acreditam no que eu acredito. Creio que o triunfo é resultado de esforço inteligente, que não depende da sorte, da magia, de amigos, companheiros duvidosos ou de meu chefe. Creio que tirarei da vida exatamente o que nela colocar. Serei cauteloso quando tratar os outros, como quero que eles sejam comigo. Não caluniarei aqueles que não gosto. Não diminuirei meu trabalho por ver que os outros o fazem. Prestarei o melhor serviço de que sou capaz, porque jurei a mim mesmo triunfar na vida, e sei que o triunfo é sempre resultado do esforço consciente e eficaz. Finalmente, perdoarei os que me ofendem, porque compreendo que às vezes ofendo os outros e necessito de perdão."

Mahatma Gandhi

Apresentação da coleção

Durante toda a elaboração desta coleção, estivemos atentos à necessidade que as pessoas têm de compreender a matemática e à dificuldade que sentem para interpretar textos que são excessivamente complexos, com linguajar rebuscado e totalmente diferente daquele que utilizam no seu cotidiano.

Procuramos empregar, então, uma linguagem fácil e dialógica, para que o leitor não precise contar permanentemente com a presença de um professor, de um tutor ou de um profissional da área.

Especial atenção foi dada, também, à necessidade do estudante em desempenhar com sucesso outras disciplinas que tenham a Matemática como pré-requisito e à importância de o docente poder dispor de um livro-texto que facilite o seu papel de educador.

Nossa experiência mostrou, ainda, que, para o total aprendizado da matemática, é de suma importância a apresentação de exemplos resolvidos passo a passo e que deem o suporte necessário ao estudante para a resolução de outros exercícios similares sem dificuldade.

Os autores

Apresentação da obra

Escrito em linguagem dialógica, ou seja, de fácil compreensão, este livro foi elaborado em capítulos e estruturado para permitir sua aplicação tanto em cursos presenciais quanto em cursos de educação a distância.

O Capítulo 1 conta um pouco da história do surgimento dos números e como diferentes povos os utilizavam e os representavam, além de expor a organização dos números em ordens e classes.

No Capítulo 2, são apresentadas a teoria dos conjuntos e as aplicações práticas desse conhecimento.

No Capítulo 3 os conjuntos numéricos são examinados minuciosamente, desde os números naturais até os números complexos.

O Capítulo 4 trata da reta numérica e, como importante aplicação desse estudo, é abordada, no Capítulo 5, a construção de gráficos.

Finalmente, o Capítulo 6 contempla uma série de exercícios de revisão, que ajudarão o leitor a fixar todos os conceitos destacados nesta obra.

Boa leitura.

Como aproveitar ao máximo este livro

Este livro traz alguns recursos que visam enriquecer o seu aprendizado, facilitar a compreensão dos conteúdos e tornar a leitura mais dinâmica. São ferramentas projetadas de acordo com a natureza dos temas que vamos examinar. Veja a seguir como esses recursos se encontram distribuídos no projeto gráfico da obra.

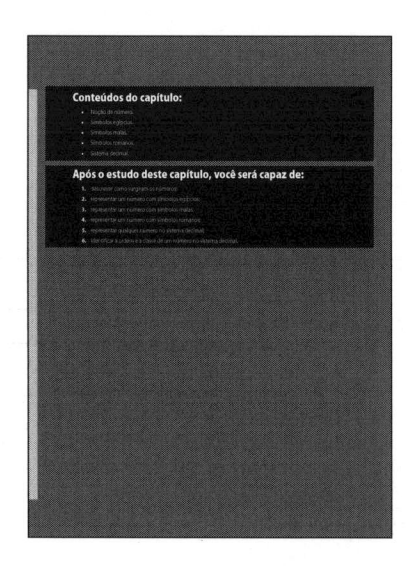

Conteúdos do capítulo

Logo na abertura do capítulo, você fica conhecendo os conteúdos que nele serão abordados.

Após o estudo deste capítulo, você será capaz de:

Você também é informado a respeito das competências que irá desenvolver e dos conhecimentos que irá adquirir com o estudo do capítulo.

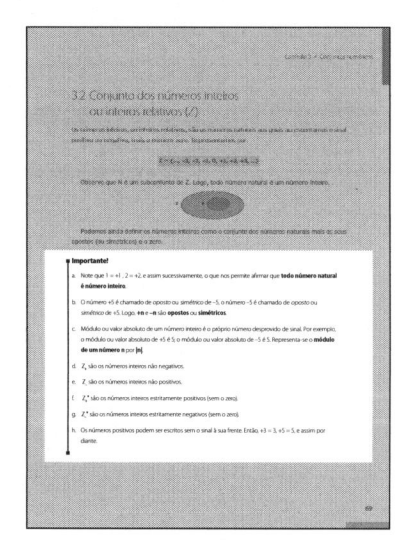

Importante!

Nesta seção, ganham destaque algumas informações fundamentais para a compreensão do conteúdo abordado.

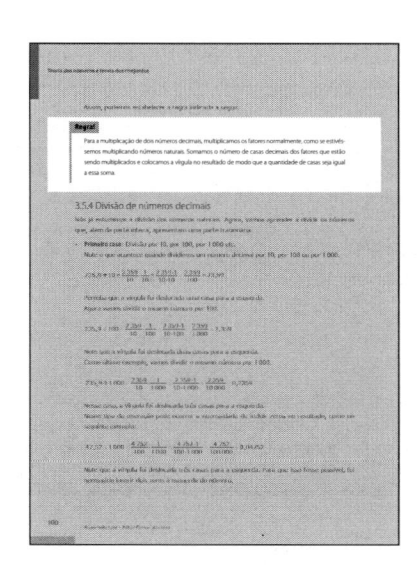

Regra!

Esta seção sintetiza as regras que podem ser estabelecidas com base nos conceitos demonstrados.

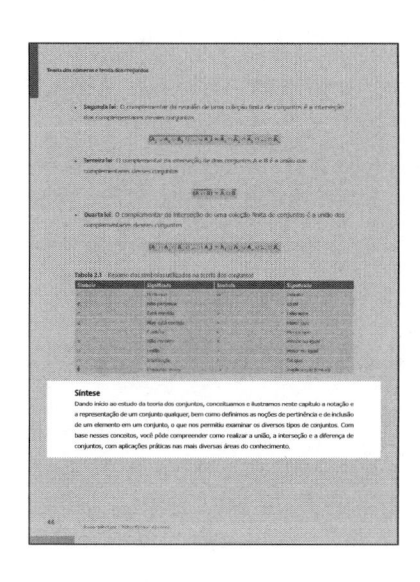

Síntese

Você dispõe, ao final do capítulo, de uma síntese que traz os principais conceitos nele abordados.

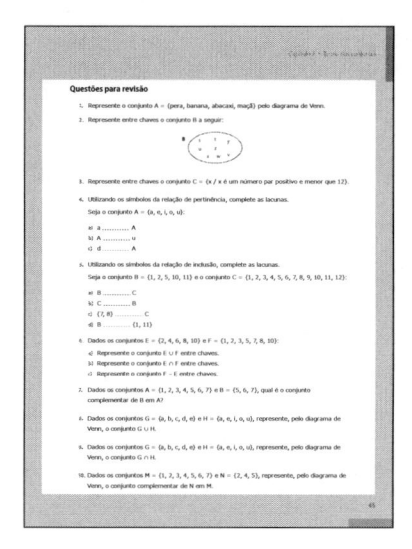

Questões para revisão

Com estas atividades, você tem a possibilidade de rever os principais conceitos analisados. Ao final do livro, os autores disponibilizam as respostas às questões, a fim de que você possa verificar como está sua aprendizagem.

1

Teoria dos números

Conteúdos do capítulo:

- Noção de número.
- Símbolos egípcios.
- Símbolos maias.
- Símbolos romanos.
- Sistema decimal.

Após o estudo deste capítulo, você será capaz de:

1. descrever como surgiram os números;
2. representar um número com símbolos egípcios;
3. representar um número com símbolos maias;
4. representar um número com símbolos romanos;
5. representar qualquer número no sistema decimal;
6. identificar a ordem e a classe de um número no sistema decimal.

Você já percebeu como os números são importantes em nossa vida? Diariamente, e a todo momento, estamos pensando em quantidades numéricas, seja para fazer uma medida, seja para fazer um pagamento, seja, até mesmo, para ver as horas. Este capítulo conta um pouco da história dos números. Faça uma leitura atenta e comece a entender de que maneira diversos povos criaram seus símbolos para representar as quantidades.

1.1 Os números

Você já parou para pensar em como surgiram os números? Em algum momento da história antiga, quando os seres humanos perceberam a necessidade de organizar seu dia a dia, surgiu também a necessidade de contar. Acredita-se que, bem antes da criação dos números, essa contagem era feita de forma rudimentar, com a utilização de objetos, como pedras. Conta a história que, no pastoreio, cada ovelha era representada por uma pedrinha que seu dono guardava em um recipiente, tal qual um saco de couro. Assim, ao final de um dia, o pastor conseguia identificar se estava faltando ou até mesmo sobrando alguma ovelha no seu rebanho, fazendo uma relação de um para um: cada pedrinha representava uma ovelha. A essa relação de um para um damos o nome de *correspondência biunívoca*. Caso houvesse uma ovelha a mais no rebanho, bastava acrescentar uma pedrinha no saco; quando uma ovelha morria, bastava retirar uma pedrinha do saco. Veja a Figura 1.1.

Figura 1.1 – Relação biunívoca entre as ovelhas e as pedras

Outros tipos de marcação, entretanto, sugerem essa noção de relação biunívoca, como no caso de desenhos em cavernas, cortes em pedaços de madeira ou ossos e mesmo nós em cordas, os quais indicam a marcação de quantidades.

O homem jamais parou de evoluir. No início, sua sobrevivência era garantida por aquilo que a natureza oferecia em quantidade e abundância, como frutas, peixes e caça. Levava, portanto, vida nômade. Depois, sentindo a necessidade de viver em sociedade, passou à vida sedentária e, tendo local fixo de moradia, percebeu que precisava produzir a própria alimentação. Surgiram, assim, os primeiros povoados e, com eles, a necessidade de registrar as quantidades de pessoas, de animais, de alimentos, entre outras.

Cada povo passou, então, a representar essas quantidades com símbolos próprios, dando origem à escrita numérica e aos diferentes sistemas de numeração.

Os egípcios, por exemplo, representavam os algarismos de 1 a 9 por traços verticais, com uma lógica representativa, conforme ilustrado na Figura 1.2.

Figura 1.2 – Representação dos algarismos de 1 a 9 pelos egípcios

1	2	3	4	5	6	7	8	9
I	II	III	IIII	IIIII	IIIIII	IIIIIII	IIIIIIII	IIIIIIIII

A partir do número 10, as representações eram diferentes. Para representar o número 10, os egípcios utilizavam o símbolo ∩. Esse símbolo representava um calcanhar. Dez calcanhares, que valem 100, eram representados por uma espiral (ϱ), que significava um rolo de corda. Dez espirais, que valem 1 000, eram representadas por um novo símbolo, que era a figura da flor de lótus (⚱).

Resumidamente, os símbolos utilizados pelos egípcios para compor seu sistema de numeração estão indicados no quadro a seguir.

Quadro 1.1 – Símbolos egípcios

Símbolo	Descrição	Valor numérico
I	bastão	1
∩	calcanhar	10
ϱ	rolo de corda	100
⚱	flor de lótus	1 000
𝈖	dedo apontando	10 000
⌒	peixe	100 000
𓀀	homem	1 000 000

Cada sistema de numeração tem regras próprias, que permitem a representação de qualquer número. Para compreender melhor a numeração no sistema egípcio, veja alguns exemplos:

123 – ϱ ∩ ∩ III

564 – ϱϱϱϱϱ ∩ ∩ ∩ ∩ ∩ ∩ IIII

100 234 – ⌒ ϱϱ ∩ ∩ ∩ IIII

Os maias, por sua vez, tinham o ponto e o traço para a representação dos números de 1 a 19. Trata-se de um sistema de numeração vigesimal, ou seja, sua base é 20. O zero, entretanto, é representado por uma concha, como você pode ver na Figura 1.3.

Figura 1.3 – Representação dos algarismos de 0 a 19 pelos maias

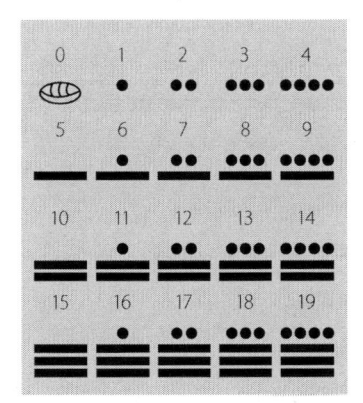

Do 20 em diante, os números têm seus algarismos escritos na vertical e são lidos de cima para baixo. Então, o número 20 se escreve do seguinte modo:

$$1 \cdot 20^1 = 20$$
$$0 \cdot 20^0 = 0$$
$$20 + 0 = 20$$

O número 3 345 é assim representado:

$$8 \cdot 20^2 = 8 \cdot 400 = 3\,200$$
$$7 \cdot 20^1 = 140$$
$$5 \cdot 20^0 = 5 \cdot 1 = 5$$
$$3\,200 + 140 + 5 = 3\,345$$

Os romanos, por sua vez, utilizavam combinações de diferentes símbolos para a representação de seu sistema de numeração. Veja o Quadro 1.2.

Quadro 1.2 – Representação dos algarismos de 1 a 10 pelos romanos

1	2	3	4	5	6	7	8	9	10
I	II	III	IV	V	VI	VII	VIII	IX	X

O sistema de numeração romano, mais sofisticado, é composto pelas letras I, V, X, L, C, D, M, todas maiúsculas. O valor que cada uma das letras representa está indicado a seguir:

- I 1
- V 5
- X 10
- L 50
- C 100
- D 500
- M 1 000

Para a representação de números romanos, é necessário conhecer algumas regras:

a. A letra que está à direita de outra de maior valor é somada.
   Exemplo: LX = 60

b. A letra que está à esquerda de outra de maior valor é subtraída.
   Exemplo: XL = 40

c. Somente três letras podem se repetir e no máximo três vezes. São elas: I, X, C.
   Exemplo: XXX = 30

d. As letras X, L, C, D, M são somadas quando colocadas lado a lado.
   Exemplo: MDCL = 1 000 + 500 + 100 + 50 = 1 650

e. A letra que está entre duas de maior valor tem o seu valor subtraído da letra que está à direita.
   Exemplo: CXL = 140

f. Quando há um traço acima de uma ou mais letras, o valor destas é multiplicado por mil.
   Exemplos: $\overline{LX}$ = 60 000
   $\overline{M}$ = 1 000 000

Vejamos, então, como são representados, no sistema romano, os números abaixo:
123 = CXXIII
564 = DLXIV

E nós, brasileiros, que sistema de numeração utilizamos?

Nós representamos os números com a utilização do sistema indo-arábico.

Por que tem esse nome?

Porque foi um sistema inventado pelos hindus, no século V, com apenas nove símbolos: 1, 2, 3, 4, 5, 6, 7, 8, 9. Somente no final do século VI foi introduzido o décimo símbolo, o zero. Mais tarde, no século VIII, os árabes adotaram esse sistema e o difundiram pelo mundo, a partir da sua utilização pelos povos que dominaram (Ifrah, 1985). O sistema de numeração indo-arábico é também conhecido como *sistema decimal de numeração*, por constituir-se de dez símbolos para a representação de qualquer número. São eles: 0, 1, 2, 3, 4, 5, 6, 7, 8, 9.

Há relatos de que a designação de *decimal* se dá pelo fato de nossas duas mãos, juntas, apresentarem dez dedos e as pessoas fazerem uso deles para pequenas contagens.

Lembra-se do sistema maia, com base 20? Acredita-se que a base dos maias era vigesimal pelo fato de utilizarem os dedos dos pés e os dedos das mãos para a contagem.

1.2 Valor posicional dos números inteiros

O sistema de numeração usado no Brasil, o sistema decimal, é posicional. Isso significa que um mesmo algarismo pode assumir diferentes valores, dependendo da posição que ele ocupa no numeral. Cada posição ocupada por um algarismo é chamada de *ordem*.

Assim, dizemos que o algarismo de primeira ordem denomina-se *unidade simples*, o de segunda, *dezena simples* e o de terceira, *centena simples*. Observe a representação dessas ordens no Quadro 1.3.

Quadro 1.3 – Organização dos algarismos em ordens

3ª ordem	2ª ordem	1ª ordem
centenas simples	dezenas simples	unidades simples

Preste bastante atenção: a primeira ordem é representada na posição mais à direita do número. Por exemplo, o número 839 tem 9 unidades simples, 3 dezenas simples e 8 centenas simples. Cada dezena é composta por 10 unidades, e cada centena é composta por 10 dezenas, ou seja, por 100 unidades.

Assim, o número 839 é igual a 800 + 30 + 9, que é o resultado das seguintes operações: $8 \cdot 100 + 3 \cdot 10 + 9$.

A cada três ordens, temos o que chamamos de *classe*. Assim, quando um número tem mais de três algarismos, temos mais de uma classe. A primeira classe é a das unidades simples, a segunda classe é a dos milhares, a terceira classe é a dos milhões, a quarta classe é a dos bilhões, a quinta classe é a dos trilhões e assim sucessivamente. Veja o Quadro 1.4.

Quadro 1.4 – Organização dos algarismos em classes e ordens

3ª classe (milhões)			2ª classe (milhares)			1ª classe (unidades simples)		
9ª ordem	8ª ordem	7ª ordem	6ª ordem	5ª ordem	4ª ordem	3ª ordem	2ª ordem	1ª ordem
centenas de milhão	dezenas de milhão	unidades de milhão	centenas de milhar	dezenas de milhar	unidades de milhar	centenas simples	dezenas simples	unidades simples

Como exemplo, analisemos o número 47 321 108 (lê-se "quarenta e sete milhões, trezentos e vinte e um mil cento e oito"). Esse número tem 3 classes e 8 ordens.

Síntese

Ao ingressar no estudo da história dos números, percebemos a importância dessa invenção humana para todas as civilizações. Em algum momento da história antiga, quando os seres humanos perceberam a necessidade de organizar seu dia a dia, surgiu a necessidade de contar. Ao se constituírem os primeiros povoados e com eles a necessidade de registrar as quantidades de pessoas, de animais, de alimentos, entre outras, cada povo passou, então, a representar essas quantidades com símbolos próprios, dando origem à escrita numérica e aos diferentes sistemas de numeração. Cada sistema de numeração tem regras próprias, que permitem a representação de qualquer número. Nós, brasileiros, representamos os números com a utilização do sistema indo-arábico – um sistema inventado pelos hindus, no século V, com apenas nove símbolos: 1, 2, 3, 4, 5, 6, 7, 8, 9. Somente no final do século VI foi introduzido o décimo símbolo, o zero.

Questões para revisão

1. O número decimal 23 457 908 tem _____ classes e _____ ordens.

2. Escreva em algarismos romanos os números decimais a seguir:
   a) 57
   b) 108
   c) 2 349

3. Escreva o número decimal 444 no sistema egípcio.

4. Escreva no sistema decimal o número romano MMDCCLVII.

5. Responda o que se pede, considerando os algarismos do sistema decimal de numeração:
   a) Qual é o maior número com 4 algarismos diferentes?
   b) Qual é o menor número de 3 algarismos?
   c) Qual é o maior número com 5 algarismos?

2

Teoria dos conjuntos

Conteúdos do capítulo:

- Noção de conjunto.
- Relações de pertinência e de inclusão.
- Subconjuntos e tipos de conjuntos.
- União e interseção de conjuntos.
- Diferença de conjuntos e conjunto complementar.
- Leis de Augustus de Morgan.

Após o estudo deste capítulo, você será capaz de:

1. definir o que se entende por *conjunto*;
2. utilizar a teoria dos conjuntos para a solução de problemas cotidianos;
3. desdobrar um conjunto em seus diferentes subconjuntos;
4. realizar a união e a interseção de conjuntos;
5. realizar a diferença de conjuntos e determinar o complementar de um conjunto dado;
6. aplicar as leis de Augustus de Morgan na solução de problemas práticos.

Quando você ouve, no seu dia a dia, a palavra *conjunto*, o que vem a sua cabeça? Certamente, um grupo de pessoas tocando instrumentos musicais, não é mesmo? Essa noção será expandida com os conteúdos matemáticos que você estudará a seguir.

2.1 Noções gerais

Conjunto é todo agrupamento de objetos, flores, animais ou mesmo pessoas, desde que seus componentes tenham características semelhantes. Conjunto é, portanto, um aglomerado num todo de objetos determinados, os quais são chamados *elementos do conjunto*. Por exemplo, cada um de nós é um elemento do conjunto de moradores de determinada cidade.

Os conjuntos numéricos, que estudaremos adiante, são compostos por números.

2.2 Notação e representação

A **notação** de um conjunto é normalmente feita por uma letra maiúscula do nosso alfabeto. Assim, por exemplo, podemos definir como "A" o conjunto das vogais do nosso alfabeto. Há três maneiras de representar esse conjunto:

1. Nomear seus elementos, dentro de chaves, separados por vírgulas; trata-se de linguagem matemática.

Exemplos:

a) A = {a, e, i, o, u}, ou seja, A é o conjunto das vogais do nosso alfabeto.
b) B = {verde, amarelo, azul, branco}, ou seja, B é o conjunto das cores da bandeira brasileira.
c) C = {4, 6, 8, 10, 12, 14}, ou seja, C é o conjunto dos números pares maiores que 2 e menores que 16.

Observe que, quando os elementos de um conjunto são letras, elas são denotadas por letras minúsculas.

2. Indicar uma propriedade característica dos seus elementos; também se trata de linguagem matemática.

Exemplos:

a) D = {x / x é um número ímpar positivo e maior que 7}, ou seja, D = {9, 11, 13, 15, ...}; as reticências indicam que o conjunto é infinito.
b) E = {x / x é uma letra do nosso alfabeto diferente de vogal}, ou seja, E = {b, c, d, f, g, h, j, k, l, m, n, p, q, r, s, t, v, w, x, y, z}.
c) F = {conjunto dos estados do norte do Brasil que começam com a letra A}, ou seja, F = {Amapá, Amazonas, Acre}.

3. Usar o chamado *diagrama de Venn*; trata-se de linguagem gráfica.

Exemplos:

a) Sendo G o conjunto das letras que formam a palavra *apartamento*:

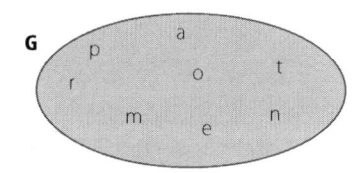

G { p, a, r, o, t, m, e, n }

b) Sendo H o conjunto dos meses do ano que começam com letra diferente de "a":

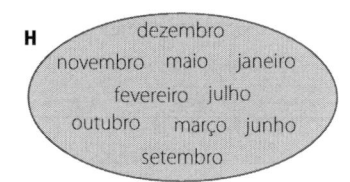

H { dezembro, novembro, maio, janeiro, fevereiro, julho, outubro, março, junho, setembro }

c) Sendo I o conjunto dos números primos menores que 20:

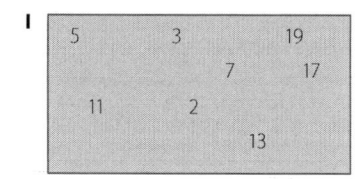

I { 5, 3, 19, 7, 17, 11, 2, 13 }

2.3 Relação de pertinência

A palavra *pertinência* nos transmite a ideia de *pertencer*, ou seja, quando dizemos que um elemento faz parte de um conjunto, podemos dizer que **tal elemento pertence ao conjunto**. Por exemplo, podemos dizer que o número 5 pertence ao conjunto dos números naturais; podemos dizer que a rosa pertence ao conjunto de flores que florescem no Brasil, e assim por diante. O símbolo $\in$ é uma versão da letra grega *épsilon* e significa, na matemática, "pertence".

Quando queremos indicar que um elemento x pertence a um conjunto A, utilizamos a seguinte notação:

x $\in$ **A** (que se lê "x pertence a A")

Em contrapartida, quando queremos representar que um elemento x não pertence ao conjunto A, representamos da seguinte forma:

x $\notin$ **A** (que se lê "x não pertence a A")

Exemplos:

a) Seja B = {conjunto das cores da bandeira brasileira}. Então, vermelho $\notin$ B.
b) Seja V = {conjunto das vogais do alfabeto brasileiro}. Então, i $\in$ V.
c) Seja Y = {conjunto dos algarismos ímpares menores que 59}. Então, 77 $\notin$ Y.
d) Seja M = {conjunto dos estados brasileiros}. Então, Bahia $\in$ M.

2.4 Relação de inclusão

A noção mais simples de *inclusão*, quando estudamos a teoria dos conjuntos, refere-se ao fato de **um conjunto conter ou não conter outro conjunto**. É, portanto, errado nos referirmos ao fato de um elemento estar contido em um conjunto ou um conjunto conter determinado elemento.

Resumindo, enquanto a relação de pertinência relaciona um elemento a um conjunto, a relação de inclusão relaciona um conjunto a outro conjunto.

Suponhamos, então, os seguintes conjuntos A e B:

A = {2, 4, 6, 8 }
B = {1, 2, 3, 4, 5, 6, 7, 8, 9}

Dizemos que o conjunto A está contido no conjunto B ou, ainda, que o conjunto B contém o conjunto A.

Para representarmos matematicamente essa noção de inclusão, precisamos conhecer os símbolos:

- $\subset$ (que significa "está contido em");
- $\not\subset$ (que significa "não está contido em");
- $\supset$ (que significa "contém");
- $\not\supset$ (que significa "não contém").

Assim, no exemplo anterior, temos:
A $\subset$ B (que se lê A "está contido em B")
ou
B $\supset$ A (que se lê B "contém A").

2.5 Subconjuntos

Da relação de inclusão surge a noção de *subconjunto*. Se o conjunto B contém o conjunto A, então o conjunto A é um subconjunto do conjunto B. Como todo elemento do conjunto A pertence ao conjunto A, deduzimos que todo conjunto é subconjunto dele mesmo.

Pelo diagrama de Venn, representamos assim os conjuntos A e B anteriormente citados:

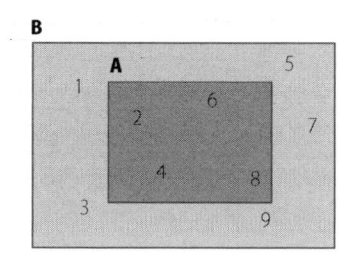

2.6 Conjuntos iguais

Dois ou mais conjuntos são iguais quando têm exatamente os mesmos elementos. Assim, se os conjuntos C e D são iguais, deduzimos que todo elemento do conjunto C pertence ao conjunto D e todo elemento do conjunto D pertence ao conjunto C. Dizemos que:

C = D (que se lê "C é igual a D")

Nesse caso, podemos ainda deduzir que C é um subconjunto de D e, simultaneamente, D é um subconjunto de C. Logo:

C ⊂ D (que se lê "C está contido em D")

e

D ⊂ C (que se lê "D está contido em C")

2.7 Conjunto unitário

Um conjunto unitário é aquele que contém um único elemento. Por exemplo, representemos o conjunto K dos meses que iniciam pela letra "f". Temos que:

K = {fevereiro}

2.8 Conjunto vazio

Um conjunto vazio é aquele que não tem elementos. Nós o representamos ou pelo símbolo { } ou pelo símbolo ϕ, que é a letra grega *phi*.

Um conjunto vazio está contido em todos os conjuntos. É, portanto, um subconjunto de qualquer conjunto.

2.9 Conjunto finito

Conjunto finito é aquele que tem uma quantidade limitada de elementos. Por exemplo, o conjunto das letras do nosso alfabeto é um conjunto finito porque podemos determinar facilmente a quantidade dos seus elementos.

O conjunto finito pode ter todos os seus elementos escritos. Entretanto, nem sempre é fácil a representação de todos os elementos de um conjunto numérico, em razão da grande quantidade de elementos que ele tem. Por exemplo, como representar o conjunto R dos números inteiros positivos de 1 a 1 000?

Para facilitar a representação, utiliza-se o recurso das reticências, como apresentado a seguir:

R = {1, 2, 3, 4, 5, ..., 999, 1 000}

Já estudamos que os elementos de um conjunto, quando se utiliza a linguagem matemática, são separados por vírgulas. Mas precisamos redobrar a atenção com essa representação quando os elementos são números não inteiros. Por exemplo, seja o conjunto S representado pelo diagrama de Venn:

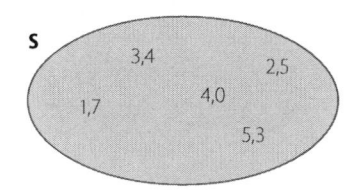

Como podemos representar esse conjunto S em linguagem matemática? Nesse caso, os elementos devem ser separados por ponto e vírgula, como a seguir:

S = {1,7; 2,5; 3,4; 4,0; 5,3}

É correta, entretanto, a separação dos elementos por vírgulas, como a seguir:

S = {1,7, 2,5, 3,4, 4,0, 5,3}

2.10 Conjunto infinito

Conjunto infinito é aquele que tem uma quantidade ilimitada de elementos, como o conjunto de todos os números pares e inteiros. Nesse caso, empregamos o símbolo ∞ para representar a ideia de infinito, quando utilizamos o diagrama de Venn, e as reticências, quando utilizamos a linguagem matemática.

Esse símbolo (∞) foi utilizado pela primeira vez em 1655 pelo matemático inglês John Wallis.

O conjunto P dos números inteiros e pares seria assim representado:

P = {2, 4, 6, 8, 10, 12, ...}

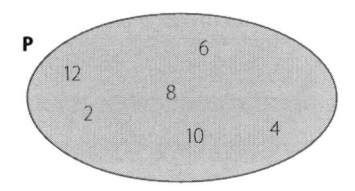

2.11 Conjunto das partes

Consideremos um conjunto T. O conjunto formado por todos os subconjuntos do conjunto T é o conjunto das partes de T. Representamos por P(T). Lembre-se de que o conjunto vazio é um subconjunto de qualquer conjunto.

Então, se tivermos o conjunto T = {a, b, c}, o conjunto das partes de T será:

P(T) = {ϕ, {a}, {b}, {c}, {a, b}, {a, c}, {b, c}, {a, b, c}}

2.12 União ou reunião de conjuntos

A união ou reunião de dois ou mais conjuntos é representada pelo símbolo $\cup$. Assim, se tivermos os conjuntos Q = {1, 2, 3, 4} e R = {2, 4, 6, 8, 10}, representamos a união ou reunião dos conjuntos Q e R como:

Q $\cup$ R = {1, 2, 3, 4, 6, 8, 10}

Perceba que os elementos do conjunto Q $\cup$ R (que se lê "Q união R") pertencem ou ao conjunto Q ou ao conjunto R.

Observe que, quando um elemento existe em mais de um dos conjuntos a ser unido, ele é representado uma única vez em uma região comum (região de interseção) entre os conjuntos.

Representando esse exemplo por meio do diagrama de Venn, temos:

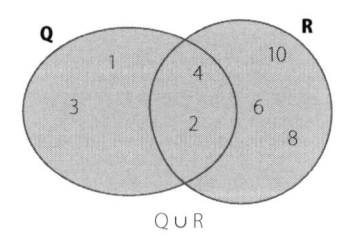

Em qualquer caso, Q $\cup$ R = {x / x $\in$ Q ou x $\in$ R}.

Suponhamos agora três conjuntos: A, B e C. As seguintes propriedades são verdadeiras:

a. **Reflexiva**: A união de um conjunto com ele mesmo é igual ao próprio conjunto.

$$A \cup A = A$$

b. **Comutativa**: A união de um conjunto A com um conjunto B é equivalente à união do conjunto B com o conjunto A.

$$A \cup B = B \cup A$$

c. **Elemento neutro para a união**: A união de um conjunto qualquer com o conjunto vazio resulta no próprio conjunto.

$$A \cup \phi = A$$

d. **Inclusão relacionada**: Se um conjunto A está contido em um conjunto B, então, necessariamente, a união de A com B é equivalente a B.

$$A \subset B, \text{ então } A \cup B = B$$

e. **Distributiva**: A operação de unir A com B para, em seguida, unir o resultado com C é equivalente à operação de unir A com o resultado da união de B com C.

$$(A \cup B) \cup C = A \cup (B \cup C)$$

2.13 Interseção de conjuntos

A interseção de dois ou mais conjuntos dados é o conjunto cujos elementos pertencem simultaneamente a cada um dos conjuntos dados. Representamos a interseção pelo símbolo ∩.

Como exemplo, suponhamos os conjuntos A = {a, d, g, m}, B = {c, d, f, m, p} e C = {b, d, e, m, n}. O conjunto interseção de A, B e C é:

A ∩ B ∩ C = {d, m}, pois apenas os elementos "d" e "m" pertencem simultaneamente aos três conjuntos dados.

Representando esse exemplo por meio do diagrama de Venn, temos:

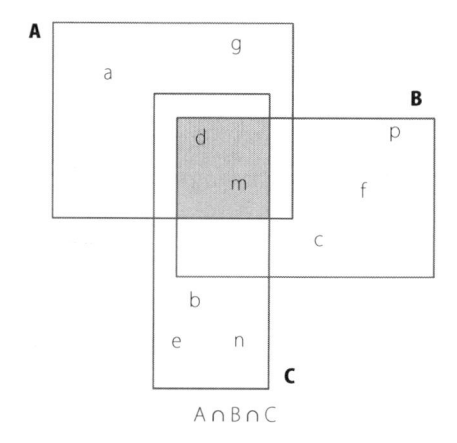

$A \cap B \cap C$

Em qualquer caso, $\overline{A \cap B = \{x \, / \, x \in A \text{ e } x \in B\}}$.

Suponhamos agora três conjuntos: A, B e C. As seguintes propriedades são verdadeiras:

a. **Reflexiva**: A interseção de um conjunto com ele mesmo é igual ao próprio conjunto.

$$A \cap A = A$$

b. **Comutativa**: A interseção de um conjunto A com um conjunto B é equivalente à interseção do conjunto B com o conjunto A.

$$A \cap B = B \cap A$$

c. **Elemento neutro para a união**: A união ou interseção de um conjunto qualquer com o conjunto vazio resulta no próprio conjunto.

$$A \cap \phi = A$$

d. **Inclusão relacionada**: Se um conjunto A está contido em um conjunto B, então, necessariamente, a interseção de A com B é igual a A.

$$A \subset B, \text{ então } A \cap B = A$$

e. **Distributiva**: A operação de intersecionar A com B para, em seguida, intersecionar o resultado com C é equivalente à operação de intersecionar A com o resultado da interseção de B com C.

$$(A \cap B) \cap C = A \cap (B \cap C)$$

É importante que você saiba que, quando a interseção de dois conjuntos quaisquer é igual a um conjunto vazio, ou seja, não há qualquer elemento comum aos dois conjuntos, eles se denominam *conjuntos disjuntos*.

2.14 Diferença de conjuntos

Quando temos dois conjuntos, representamos a diferença entre eles com o sinal de menos, sendo que os elementos pertencem a um conjunto, mas não pertencem ao outro. Como exemplo, supondo os conjuntos E = {1, 3, 5, 7} e F = {1, 2, 3, 4, 5, 6}, temos que a diferença entre E e F é:

E − F = {7}, ou seja, dos elementos de E excluímos os elementos comuns que pertencem ao conjunto F.

Analogamente, teríamos que a diferença entre F e E é igual a:

F − E = {2, 4, 6}

Em qualquer caso, $A - B = \{x \mid x \in A \text{ e } x \notin B\}$.

Suponhamos agora dois conjuntos: A e B. As seguintes propriedades são verdadeiras:

a. A diferença entre o conjunto A e o próprio conjunto A resulta no conjunto vazio, ou seja:

$$A - A = \phi$$

b. A diferença entre o conjunto A e o conjunto vazio resulta no conjunto A, ou seja:

$$A - \phi = A$$

c. A diferença entre o conjunto A e o conjunto vazio resulta no conjunto vazio, ou seja:

$$\phi - A = \phi$$

d. Se o conjunto A está contido no conjunto B, então a diferença entre A e B resulta no conjunto vazio, ou seja:

$$\text{Se } A \subset B, \text{ então } A - B = \phi$$

2.14.1 Diferença simétrica

A diferença simétrica entre dois conjuntos A e B é o conjunto dos elementos que pertencem à união de A e B, mas não pertencem à interseção de A e B. Representamos a diferença simétrica de dois conjuntos pelo símbolo Δ.

Em qualquer caso, $Q \cup R = \{x \,/\, x \in A \cup B \text{ e } x \notin A \cap B\}$.

Assim, $A \Delta B = (A \cup B) - (A \cap B)$.

Suponhamos agora três conjuntos: A, B e C. As seguintes propriedades são verdadeiras:

a. O conjunto A é um conjunto vazio se, e somente se, a **diferença simétrica** entre A e B for igual a B, ou seja:

$$A = \phi \text{ se, e somente se, } B = A \Delta B$$

b. A **diferença simétrica** entre um dado conjunto e ele mesmo é igual ao conjunto vazio, ou seja:

$$A \Delta A = \phi$$

c. **Comutativa**: A diferença simétrica entre A e B é equivalente à diferença simétrica entre B e A.

$$A \Delta B = B \Delta A$$

d. **Distributiva**: A interseção de A com a diferença simétrica entre B e C é equivalente à diferença simétrica da interseção entre A e B e a interseção entre A e C.

$$A \cap (B \Delta C) = (A \cap B) \Delta (A \cap C)$$

e. **Associativa**: A diferença simétrica entre A e B e, em seguida, com C é equivalente à diferença simétrica de A com a diferença simétrica entre B e C.

$$(A \Delta B) \Delta C = A \Delta (B \Delta C)$$

f. A diferença simétrica entre A e B está contida na diferença simétrica entre A e C união com a diferença simétrica entre B e C, ou seja:

$$A \Delta B \subset (A \Delta C) \cup (B \Delta C)$$

Representando a diferença simétrica entre dois conjuntos A e B por meio do diagrama de Venn, temos:

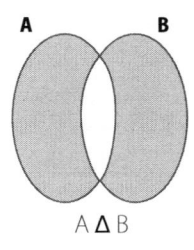

A Δ B

Como exemplo, suponhamos os conjuntos A = {1, 2, 3, 4, 10} e B = {1, 3, 4, 5, 6, 7, 10}. Temos que:

A Δ B = {1, 2, 3, 4, 5, 6, 7, 10} − {1, 3, 4, 10} = {2, 5, 6, 7}

2.15 Conjunto complementar

Dados dois conjuntos A e B tais que B ⊂ A, chamamos *complementar de B em A* o conjunto $\overline{B}$ constituído pelos elementos do conjunto A que não pertencem ao conjunto B. Em outras palavras, $\overline{B}$ = A − B.

Como exemplo, suponhamos os conjuntos A = {1, 2, 3, 4, 5, 6, 7} e B = {1, 3, 6}. O complementar de B em A é:

$\overline{B}$ = {2, 4, 5, 7}

Em qualquer caso, $\overline{B} = A - B = \{x \,/\, x \in A \text{ e } x \notin B\}$.

Representando esse exemplo por meio do diagrama de Venn, temos:

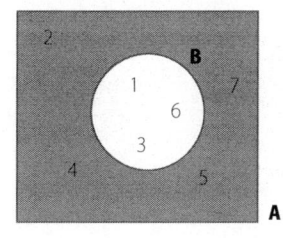

2.16 Leis de Augustus de Morgan

Augustus de Morgan foi um indiano que nasceu no início do século XIX. Ficou famoso por criar as leis que levam seu nome.

- **Primeira lei**: O complementar da união de dois conjuntos A e B é a interseção dos complementares desses conjuntos.

$$\overline{(A \cup B)} = \overline{A} \cap \overline{B}$$

- **Segunda lei**: O complementar da reunião de uma coleção finita de conjuntos é a interseção dos complementares desses conjuntos.

$$\overline{(A_1 \cup A_2 \cup A_3 \cup ... \cup A_n)} = \overline{A}_1 \cap \overline{A}_2 \cap \overline{A}_3 \cap ... \cap \overline{A}_n$$

- **Terceira lei**: O complementar da interseção de dois conjuntos A e B é a união dos complementares desses conjuntos.

$$\overline{(A \cap B)} = \overline{A} \cup \overline{B}$$

- **Quarta lei**: O complementar da interseção de uma coleção finita de conjuntos é a união dos complementares desses conjuntos.

$$\overline{(A_1 \cap A_2 \cap A_3 \cap ... \cap A_n)} = \overline{A}_1 \cup \overline{A}_2 \cup \overline{A}_3 \cup ... \cup \overline{A}_n$$

Tabela 2.1 – Resumo dos símbolos utilizados na teoria dos conjuntos

Símbolo	Significado	Símbolo	Significado
$\in$	Pertence	∞	Infinito
$\notin$	Não pertence	$=$	Igual
$\subset$	Está contido	$\neq$	Diferente
$\not\subset$	Não está contido	$>$	Maior que
$\supset$	Contém	$<$	Menor que
$\not\supset$	Não contém	$\leq$	Menor ou igual
$\cup$	União	$\geq$	Maior ou igual
$\cap$	Interseção	$/$	Tal que
ϕ	Conjunto vazio	$\rightarrow$	Implica que (então)

Síntese

Dando início ao estudo da teoria dos conjuntos, conceituamos e ilustramos neste capítulo a notação e a representação de um conjunto qualquer, bem como definimos as noções de pertinência e de inclusão de um elemento em um conjunto, o que nos permitiu examinar os diversos tipos de conjuntos. Com base nesses conceitos, você pôde compreender como realizar a união, a interseção e a diferença de conjuntos, com aplicações práticas nas mais diversas áreas do conhecimento.

Questões para revisão

1. Represente o conjunto A = {pera, banana, abacaxi, maçã} pelo diagrama de Venn.

2. Represente entre chaves o conjunto B a seguir:

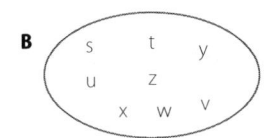

   B (s   t   y
       u   z
       x   w   v)

3. Represente entre chaves o conjunto C = {x / x é um número par positivo e menor que 12}.

4. Utilizando os símbolos da relação de pertinência, complete as lacunas.

   Seja o conjunto A = {a, e, i, o, u}:

   a) a _____ A
   b) A _____ u
   c) d _____ A

5. Utilizando os símbolos da relação de inclusão, complete as lacunas.

   Seja o conjunto B = {1, 2, 5, 10, 11} e o conjunto C = {1, 2, 3, 4, 5, 6, 7, 8, 9, 10, 11, 12}:

   a) B _____ C
   b) C _____ B
   c) {7, 8} _____ C
   d) B _____ {1, 11}

6. Dados os conjuntos E = {2, 4, 6, 8, 10} e F = {1, 2, 3, 5, 7, 8, 10}:

   a) Represente o conjunto E ∪ F entre chaves.
   b) Represente o conjunto E ∩ F entre chaves.
   c) Represente o conjunto F − E entre chaves.

7. Dados os conjuntos A = {1, 2, 3, 4, 5, 6, 7} e B = {5, 6, 7}, qual é o conjunto complementar de B em A?

8. Dados os conjuntos G = {a, b, c, d, e} e H = {a, e, i, o, u}, represente, pelo diagrama de Venn, o conjunto G ∪ H.

9. Dados os conjuntos G = {a, b, c, d, e} e H = {a, e, i, o, u}, represente, pelo diagrama de Venn, o conjunto G ∩ H.

10. Dados os conjuntos M = {1, 2, 3, 4, 5, 6, 7} e N = {2, 4, 5}, represente, pelo diagrama de Venn, o conjunto complementar de N em M.

3

Conjuntos numéricos

Conteúdos do capítulo:

- Conjunto dos números naturais.
- Conjunto dos números inteiros.
- Conjunto dos números racionais.
- Conjunto dos números irracionais.
- Conjunto dos números reais.
- Conjunto dos números complexos.

Após o estudo deste capítulo, você será capaz de:

1. realizar operações com os números naturais;
2. realizar operações com os números inteiros;
3. realizar operações com os números racionais;
4. realizar operações com os números irracionais;
5. realizar operações com os números reais.

Os conjuntos numéricos são, sem dúvida, os mais importantes para a matemática. Estudaremos, a seguir, os principais conjuntos formados por números e suas propriedades. São os conjuntos dos números naturais, inteiros, racionais, irracionais, reais e complexos.

3.1 Conjunto dos números naturais (N)

Os números naturais, os quais são representados por **N**, surgiram em decorrência da necessidade de contar objetos. Iniciando pelo zero e acrescentando, indefinidamente, uma unidade, obtemos os elementos desse conjunto, ou seja:

$$N = \{0, 1, 2, 3, 4, 5, ...\}$$

Caso excluamos do conjunto N o número zero, o conjunto é representado por **N***. Assim:

$$N^* = \{1, 2, 3, 4, 5, ...\}$$

3.1.1 Adição de números naturais

A operação de adição é utilizada quando desejamos juntar duas ou mais quantidades ou quando desejamos acrescentar uma dada quantidade a outra. Vejamos o exemplo a seguir.

Em uma sala de aula, há 16 meninos e 15 meninas. Qual é o total de alunos da sala?

$$16 + 15 = 31$$

$$\begin{array}{r} 16 \rightarrow \text{parcela} \\ + \ 15 \rightarrow \text{parcela} \\ \hline 31 \rightarrow \text{soma ou total} \end{array}$$

Crédito: Cleverson Bestel

3.1.1.1 Algoritmo da soma

Um algoritmo é uma sequência finita de instruções bem definidas.

Para que você entenda esse conceito, vamos fazer a seguinte soma:

$1\,584 + 457 + 793 =$

```
   1 2 1
   1 584      A soma de 3 mais 7 mais 4 é igual a 14. Então, escrevemos 4 e vai 1.
     457      A soma de 9 mais 5 mais 8 mais 1 é igual a 23. Então, escrevemos 3 e vai 2.
   + 793      A soma de 7 mais 4 mais 5 mais 2 é igual a 18. Então, escrevemos 8 e vai 1.
   2 834      Assim, 1 mais 1 é igual a 2.
```

Vai 1 ou vai 2 para onde, afinal de contas?

Vamos refazer a conta considerando o valor posicional dos algarismos.

milhares	centenas	dezenas	unidades
1	²5	¹8	4
	4	5	7
	7	9	3
2	8	3	4

Na primeira posição, ou posição das unidades, só cabe um algarismo, mas a soma de 3 unidades mais 7 unidades mais 4 unidades é igual a 14 unidades. Por isso, temos de transformar 14 unidades em 1 dezena e 4 unidades. As 4 unidades mantivemos na posição das unidades e a dezena mandamos para a segunda posição, ou posição das dezenas.

A segunda posição é a das dezenas. Temos nessa posição 23 dezenas, ou seja, $9 + 5 + 8 + 1 = 23$ dezenas. Nessa posição também só cabe um algarismo. Por isso, temos de transformar 23 dezenas em 2 centenas e 3 dezenas. As 3 dezenas mantivemos na posição das dezenas e as 2 centenas mandamos para a posição das centenas.

Na terceira posição, temos o total de 18 centenas, ou seja, $7 + 4 + 5 + 2 = 18$ centenas. As 8 centenas mantivemos na posição das centenas e o milhar mandamos para a casa dos milhares.

Por fim, na quarta posição, temos 2 milhares, ou seja, $1 + 1 = 2$ milhares.

O resultado encontrado é lido assim: "dois milhares, oito centenas, três dezenas e quatro unidades" ou, simplesmente, "duas mil oitocentas e trinta e quatro unidades".

3.1.1.2 Propriedades da adição

Apresentamos, a seguir, as principais propriedades da adição.

- **Propriedade comutativa**: Na adição de dois números naturais, a ordem das parcelas não altera a soma. Então, se **a** e **b** são dois números naturais quaisquer, temos que $a + b = b + a$.

Exemplo:

$$5 + 4 = 9 \quad \text{ou} \quad 4 + 5 = 9$$

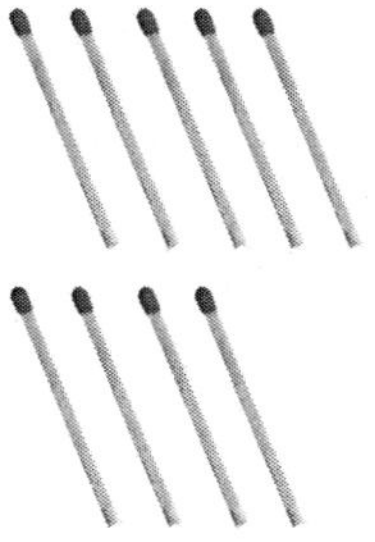

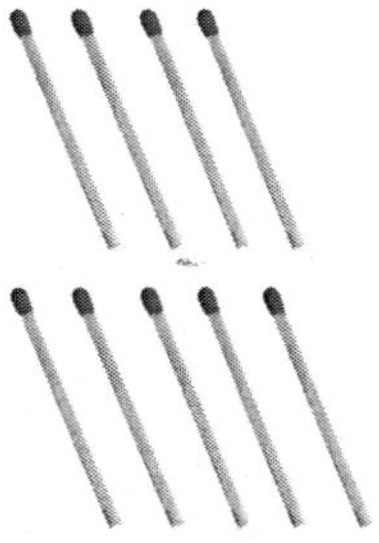

- **Propriedade associativa**: Na adição de três ou mais números, podemos associar as parcelas de ordens diferentes. Então, se **a**, **b** e **c** são três números naturais quaisquer, temos que (a + b) + c = a + (b + c).

Exemplo:

$$(2 + 1) + 4 = \quad \text{ou} \quad 2 + (1 + 4) =$$
$$3 + 4 = 7 \quad \quad \quad \quad 2 + 5 = 7$$

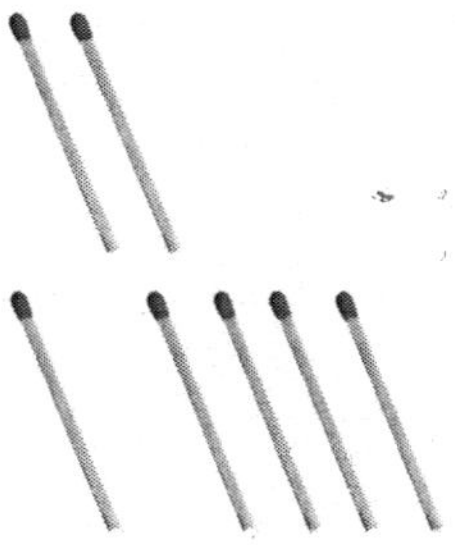

- **Elemento neutro da adição**: Na adição de um número natural com o zero, a soma é sempre igual ao primeiro. Então, se **a** é um número natural qualquer, temos que a + 0 = 0 + a = a. Portanto, o número zero é chamado de *elemento neutro da adição*.

Exemplo:

$$3 + 0 = 3 \quad \text{ou} \quad 0 + 3 = 3$$

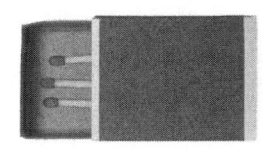

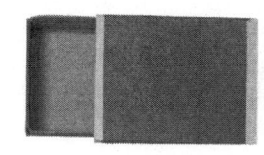

3.1.2 Subtração de números naturais

A operação de subtração é utilizada quando desejamos tirar uma quantidade de outra, ou, então, saber quanto uma quantidade tem a mais que outra, ou, ainda, saber quanto falta para que uma quantidade seja igual a outra. Vejamos os exemplos a seguir.

Um carro custa R$ 31 000,00, enquanto outro custa R$ 19 000,00. Qual é a diferença de preço entre os dois?

31 000 − 19 000 = 12 000

31 000 → minuendo
− 19 000 → subtraendo
12 000 → diferença ou resto

Kendric está lendo um livro que tem 134 páginas. Ele já leu 47 páginas. Quantas páginas faltam ser lidas por ele?

134 páginas − 47 páginas = 87 páginas

Portanto, Kendric ainda tem 134 − 47 = 87 páginas do livro a serem lidas.

3.1.2.1 Algoritmo da subtração

Como mencionamos ao tratar do algoritmo da adição, um algoritmo é uma sequência finita de instruções bem definidas.

Para que você entenda esse conceito, vamos fazer a seguinte subtração:

2 649 − 1 897 =

$$\begin{array}{r} {}^{15}\\ 2\,6\!\!\!/\,4\!\!\!/\,9 \\ -\;1\,8\,9\,7 \\ \hline 0\,7\,5\,2 \end{array}$$

Temos 9 menos 7, o que é igual a 2.
Temos 4, que é menor do que 9. Por isso, emprestamos 1 do vizinho e ficamos com 14.
Em seguida, temos que 14 menos 9 é igual a 5.
Observe que 5 é menor que 8. Novamente emprestamos 1 do vizinho.
Ficamos agora com 15.
E 15 menos 8 é igual a 7.
Finalmente, 1 menos 1 é igual a zero.

O que emprestamos do vizinho? Vamos refazer a conta considerando o valor posicional dos algarismos.

$$\begin{array}{cccc} \text{milhares} & \text{centenas} & \text{dezenas} & \text{unidades} \\ {}^{1}2 & {}^{5}\!\!\!/6 & {}_{1}4 & 9 \\ -\;1 & 8 & 9 & 7 \\ \hline 0 & 7 & 5 & 2 \end{array}$$

De 9 unidades tiramos 7 unidades; restaram 2 unidades. De 4 dezenas não podemos tirar 9 dezenas, pois 9 é maior que 4. Precisamos emprestar 1 centena da casa das centenas; 1 centena é igual a 10 dezenas, e a soma de 10 dezenas mais 4 dezenas é igual a 14 dezenas. Portanto, subtraindo 9 dezenas de 14 dezenas, obtemos 5 dezenas.

Na casa das centenas temos outra operação que, em princípio, não pode ser realizada com números naturais. Tínhamos 6 centenas. Como emprestamos 1 centena, só ficamos com 5 centenas. De 5 centenas não podemos tirar 8 centenas, pois 8 é maior que 5. Precisamos emprestar 1 milhar da casa dos milhares; 1 milhar é igual a 10 centenas, e a soma de 10 centenas mais 5 centenas é igual a 15 centenas. Portanto, subtraindo 8 centenas de 15 centenas, obtemos 7 centenas.

Por fim, 1 milhar menos 1 milhar é igual a zero. Logo, o resultado da subtração é 752.

Observe que, para saber se a subtração está correta, podemos utilizar a operação inversa. Então:

Diferença ou resto + Subtraendo = Minuendo

No exemplo anterior:
752 + 1 897 = 2 649

3.1.2.2 Propriedades da subtração

Quanto às propriedades da subtração, devemos considerar as seguintes:

- **Propriedade comutativa**: A subtração não apresenta a propriedade comutativa, pois, dados dois números naturais **a** e **b**, temos que $a - b \neq b - a$.

- **Propriedade associativa**: A subtração não apresenta a propriedade associativa, pois, dados os números naturais **a**, **b** e **c**, temos que $(a - b) - c \neq a - (b - c)$.

- **Elemento neutro da subtração**: A subtração de números naturais não tem elemento neutro, uma vez que $a - 0 = a$, mas $0 - a = -a$ (**-a** não pertence ao conjunto dos números naturais).

3.1.3 Multiplicação de números naturais

A operação de multiplicação está associada a situações em que desejamos adicionar determinado número de parcelas iguais, ou, então, saber o modo como podemos dividir essas parcelas, ou, ainda, saber a proporção entre duas grandezas. Vejamos o exemplo a seguir.

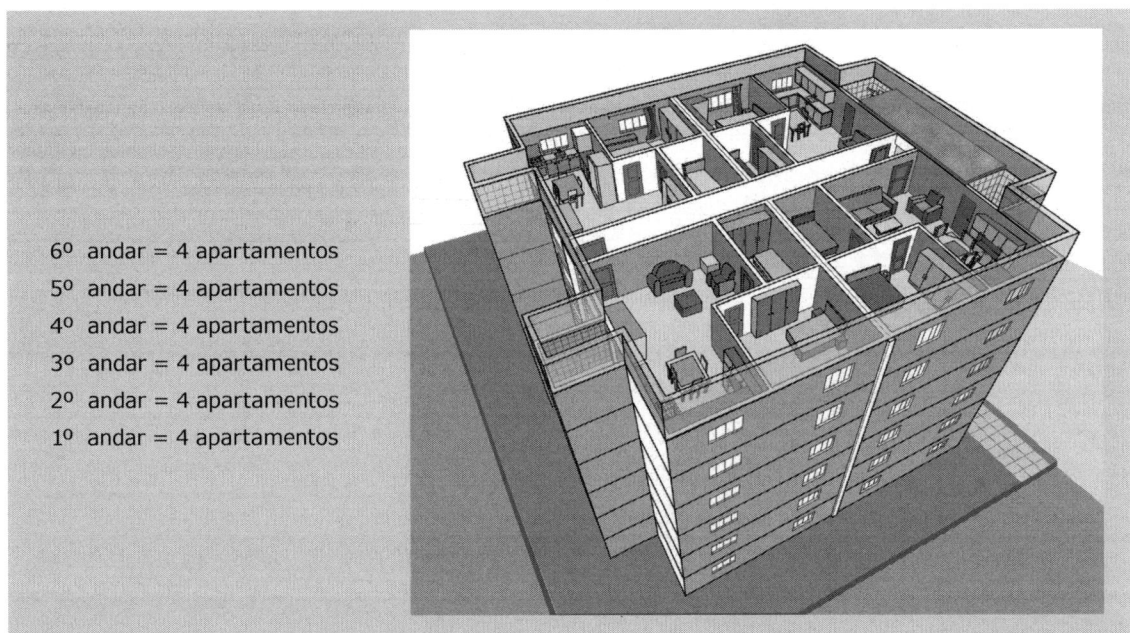

6º andar = 4 apartamentos
5º andar = 4 apartamentos
4º andar = 4 apartamentos
3º andar = 4 apartamentos
2º andar = 4 apartamentos
1º andar = 4 apartamentos

Cada andar de um prédio tem 4 apartamentos. Se o prédio tem 6 andares, qual é o número total de apartamentos?

4 + 4 + 4 + 4 + 4 + 4 = 24 apartamentos

ou

6 · 4 = 24 apartamentos

Perceba que uma multiplicação é uma soma de parcelas iguais.

Vejamos agora mais um exemplo.

Quantas casas apresenta, no total, um tabuleiro de xadrez?

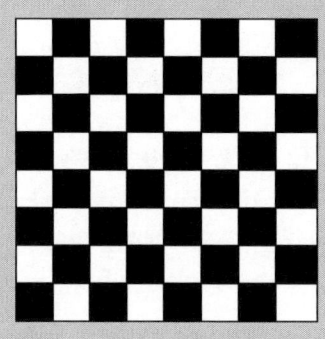

Observe que são 8 linhas e em cada linha há 8 colunas. Portanto:
8 + 8 + 8 + 8 + 8 + 8 + 8 + 8 = 64 casas
ou
8 · 8 = 64 casas no tabuleiro

3.1.3.1 Propriedades da multiplicação

Apresentamos, a seguir, as principais propriedades da multiplicação.

- **Propriedade comutativa**: Na multiplicação de dois números naturais quaisquer, a ordem dos fatores não altera o valor do produto. Então, dados dois números naturais **a** e **b**, temos que $a \cdot b = b \cdot a$.

Exemplo:

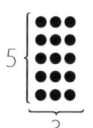

3 · 5 = 15   ou   5 · 3 = 15

- **Propriedade associativa**: Na multiplicação, podemos associar os fatores de formas diferentes, pois o produto não se altera. Então, dados três números naturais **a**, **b** e **c**, temos que $(a \cdot b) \cdot c = a \cdot (b \cdot c)$.

Exemplo:

3 · 2 · 4 =   ou   3 · 2 · 4 =
6 · 4 = 24   3 · 8 = 24

Teoria dos números e teoria dos conjuntos

- **Elemento neutro da multiplicação**: Na multiplicação de qualquer número natural por 1, o produto é sempre igual a esse número. Então, se **a** é um número natural qualquer, temos que $a \cdot 1 = 1 \cdot a = a$.

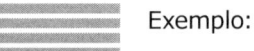

Exemplo:

$17 \cdot 1 = 17$ ou $1 \cdot 17 = 17$

- **Propriedade distributiva**: O produto de um número natural por uma soma é igual à soma dos produtos desse número por cada uma das parcelas. Então, dados três números naturais **a**, **b** e **c**, temos que $a \cdot (b + c) = a \cdot b + a \cdot c$.

Exemplo:

$3 \cdot (2 + 4) =$ ou $3 \cdot (2 + 4) =$
$3 \cdot 6 = 18$ $3 \cdot 2 + 3 \cdot 4 =$
                         $6 + 12 = 18$

Regra!

Resolva primeiro o que está dentro dos parênteses e somente depois efetue a multiplicação.

3.1.3.2 Algoritmo da multiplicação

Para que você entenda o algoritmo da multiplicação, vamos efetuar a seguinte operação:

$27 \cdot 12 = 324$

```
    1
   27    → fator
 × 12    → fator
   ──
   54
    1
 + 27
   ───
  324    → produto
```

Multiplicando 2 por 7, obtemos 14. Escrevemos o 4 e vai 1.

Multiplicando 2 por 2, obtemos 4. Esse 4 mais 1 é igual a 5.

Observe que colocamos o resultado da primeira multiplicação ($1 \cdot 7$) abaixo do penúltimo algarismo.

Assim, 1 vezes 7 é igual a 7. Colocamos o 7 abaixo do 5.

E 1 vezes 2 é igual a 2.

Agora, passamos o traço e fazemos a soma.

Somando 4 mais nada, obtemos 4. Somando 5 mais 7, obtemos 12. Escrevemos o 2 e vai 1. Nada mais 2 é igual a 2. Esse 2 mais 1 é igual a 3.

Outra forma de representar a multiplicação de 12 por 27 é por meio da representação gráfica. Vamos utilizar os quadradinhos a seguir para visualizar a multiplicação anterior.

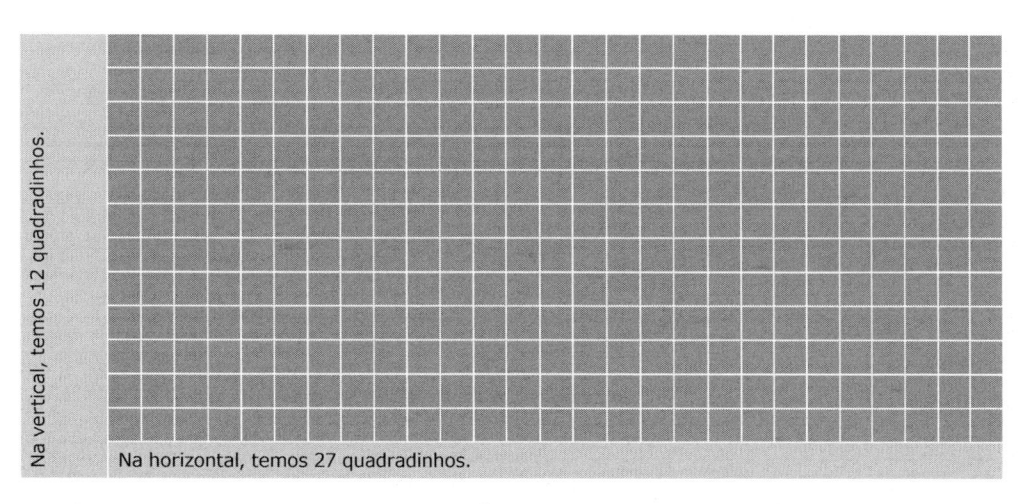

Na vertical, temos 12 quadradinhos.
Na horizontal, temos 27 quadradinhos.

Observe que 12 multiplicado por 27 é igual a 324 quadradinhos.

Vamos decompor o número 12 em dezenas e unidades e verificar o que acontece com o desenho.

Assim, temos 12 = 10 + 2, ou seja, 1 dezena mais 2 unidades.

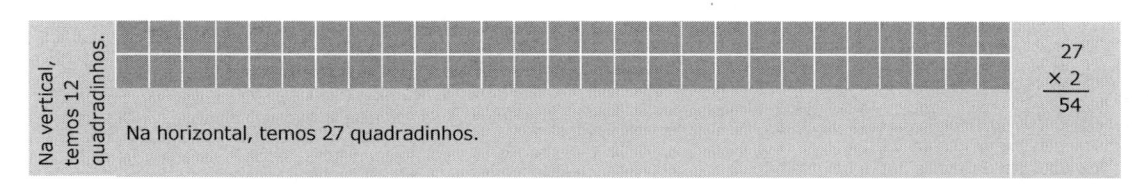

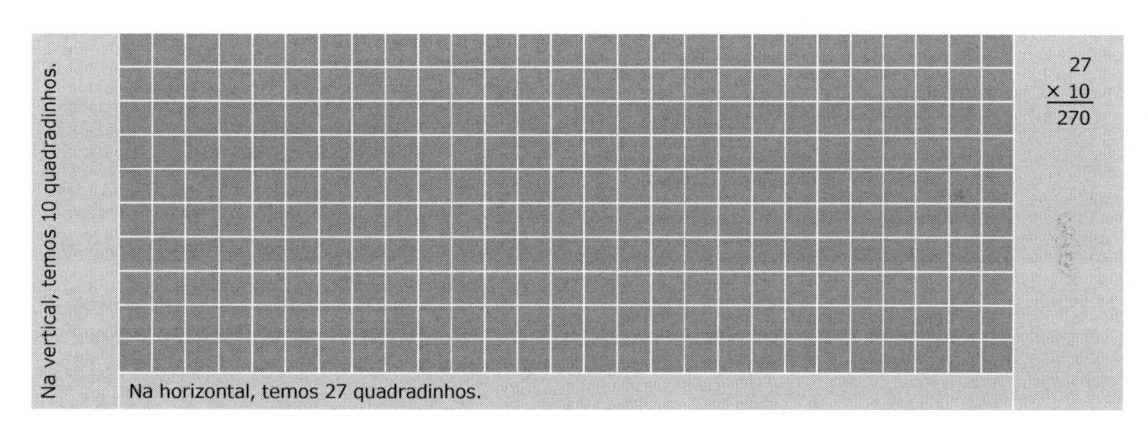

Na vertical, temos 2 quadradinhos.
Na horizontal, temos 27 quadradinhos.

$$\begin{array}{r} 27 \\ \times\ 2 \\ \hline 54 \end{array}$$

Na vertical, temos 10 quadradinhos.
Na horizontal, temos 27 quadradinhos.

$$\begin{array}{r} 27 \\ \times\ 10 \\ \hline 270 \end{array}$$

54 + 270 = 324

Agora, vamos refazer a multiplicação levando em conta o valor posicional dos algarismos.

Vamos fazer a seguinte multiplicação: 27 · 12 = 324.

$$\begin{array}{r} \text{centenas dezenas unidades} \\ \overset{1}{2}\ 7 \\ \times\quad 1\ 2 \\ \hline 5\ 4 \\ +\overset{1}{2}\ 7\ 0 \\ \hline 3\ 2\ 4 \end{array}$$

Temos 2 unidades vezes 7 unidades, o que é igual a 14 unidades.

14 unidades correspondem a 1 dezena mais 4 unidades. Por isso, deixamos 4 unidades na casa das unidades e colocamos 1 dezena a ser somada com as demais dezenas.

Em seguida, 2 unidades vezes 2 dezenas são 4 dezenas, e 4 dezenas mais 1 dezena são 5 dezenas.

O resultado de 1 dezena vezes 7 unidades são 7 dezenas, e o resultado de 1 dezena vezes 2 dezenas são 2 centenas.

Como na segunda linha não temos nenhuma unidade, completamos com zeros a casa correspondente à unidade. Então, passamos o traço e fazemos a soma.

Somando 0 mais 4, obtemos 4. Somando 7 mais 5, obtemos 12. Escrevemos 2 e vai 1. Por fim, 2 mais 1 é igual a 3.

3.1.4 Divisão (ou quociente) de números naturais

A operação de divisão está associada a situações em que desejamos dividir quantidades em partes iguais ou, então, saber quantas vezes uma quantidade cabe na outra. Vejamos o exemplo a seguir.

Vamos dividir 30 balas entre 6 crianças, em partes iguais.

$30 \div 6 = 5$

Essa divisão pode ainda ser representada com a utilização de um traço de fração:

$\frac{30}{6} = 5$

3.1.4.1 Algoritmo da divisão

Para que você entenda o algoritmo da divisão, vamos efetuar a seguinte operação:

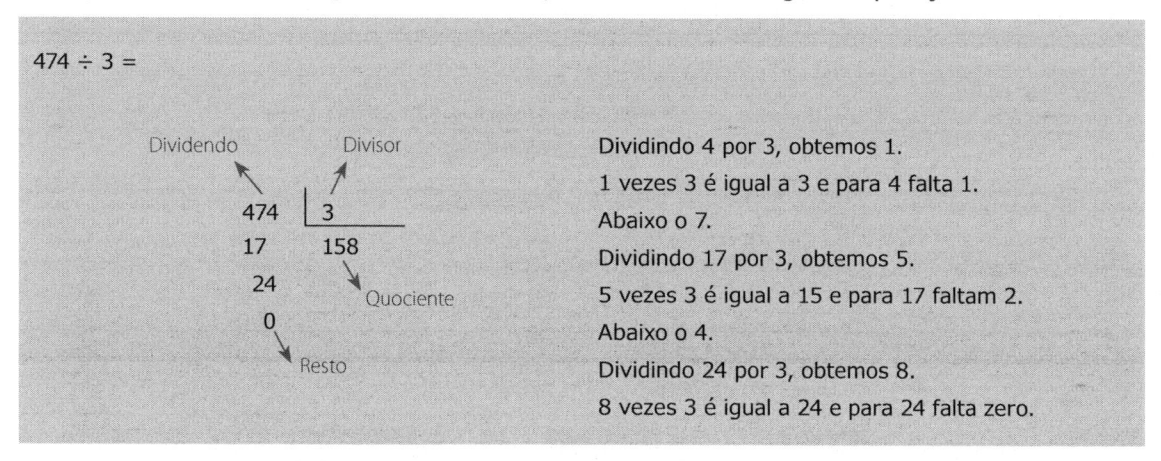

474 ÷ 3 =

```
Dividendo        Divisor
    474    | 3
     17    | 158
     24         Quociente
      0
         Resto
```

Dividindo 4 por 3, obtemos 1.
1 vezes 3 é igual a 3 e para 4 falta 1.
Abaixo o 7.
Dividindo 17 por 3, obtemos 5.
5 vezes 3 é igual a 15 e para 17 faltam 2.
Abaixo o 4.
Dividindo 24 por 3, obtemos 8.
8 vezes 3 é igual a 24 e para 24 falta zero.

Para você entender os passos do exemplo anterior, vamos representar o número 474 por centenas, dezenas e unidades. Considere que:

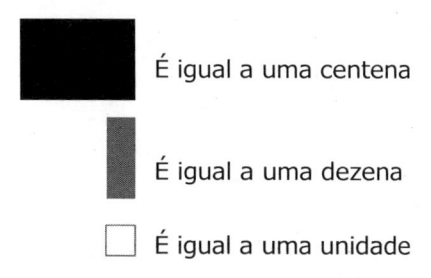

■ É igual a uma centena

▮ É igual a uma dezena

□ É igual a uma unidade

Assim:

474 =

Como a divisão é por 3, vamos formar três grupos:

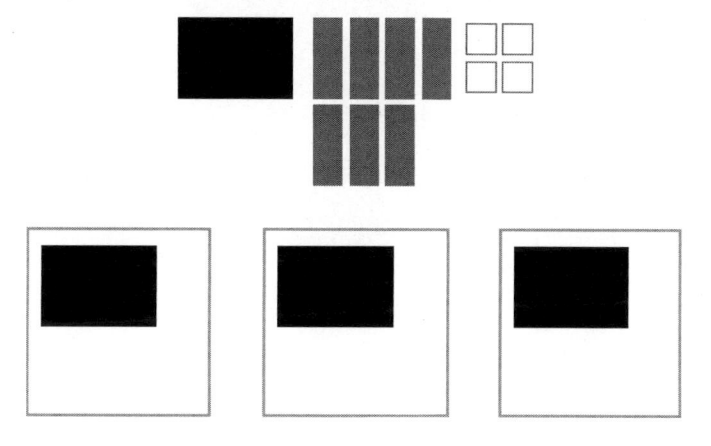

Teoria dos números e teoria dos conjuntos

Assim, temos 4 centenas divididas por 3, o que é igual a 1 e ainda sobra 1 centena.

centenas	dezenas	unidades	
4	7	4	3
1			1

A centena que sobrou vamos transformar em 10 dezenas. Temos agora 17 dezenas:

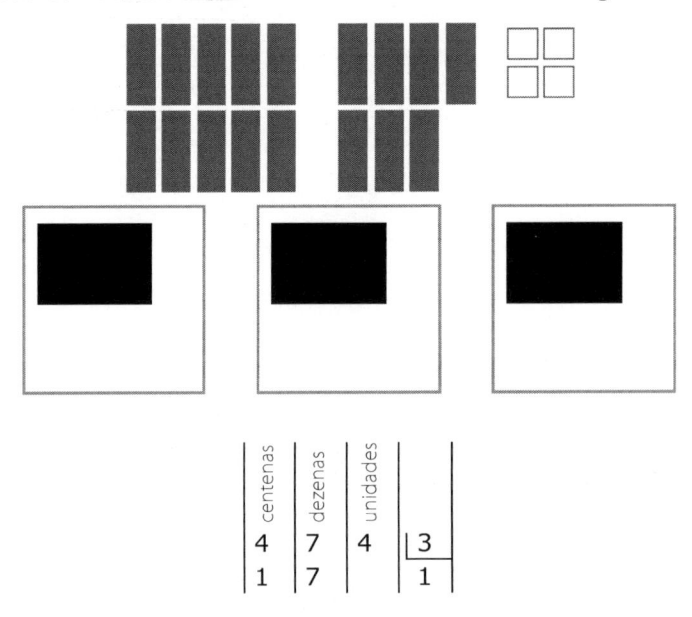

centenas	dezenas	unidades	
4	7	4	3
1	7		1

Vamos distribuir as dezenas entre os três grupos:

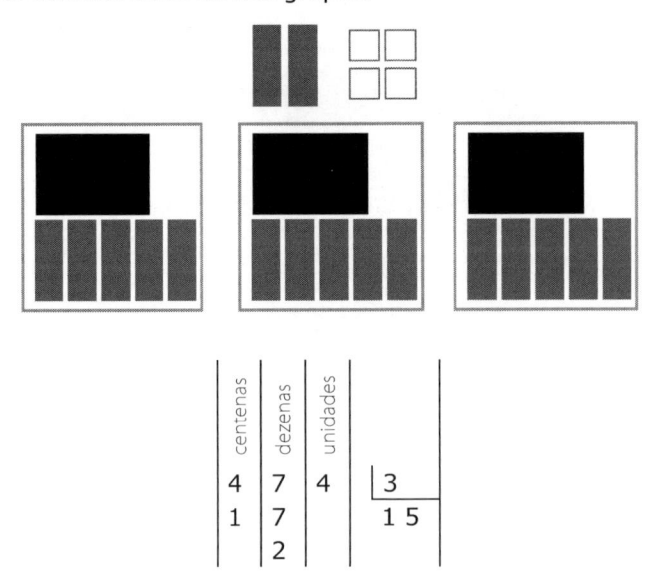

centenas	dezenas	unidades	
4	7	4	3
1	7		1 5
	2		

Temos 17 dezenas divididas por 3, o que é igual a 5 e sobram 2. Vamos transformar as dezenas que sobraram em 20 unidades. Temos, então, no total, 24 unidades.

Por fim, temos 24 unidades divididas por 3, o que é igual a 8. Não sobra resto.

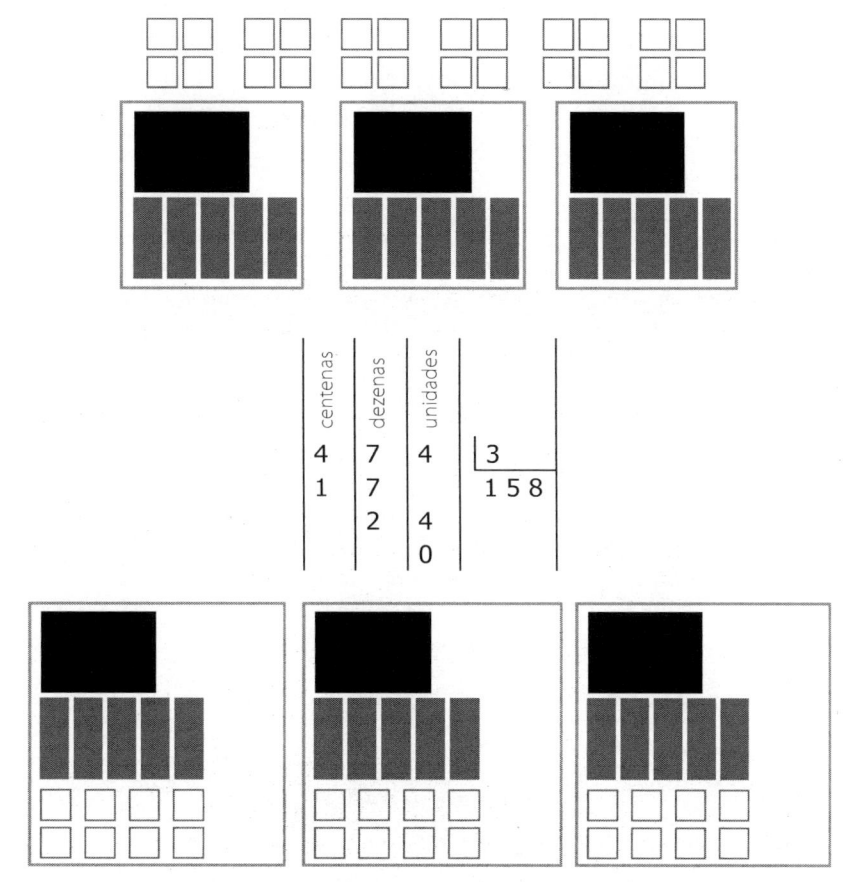

3.1.4.2 Propriedades da divisão

Quanto às propriedades da divisão, devemos considerar as seguintes:

- **Propriedade comutativa**: A divisão não apresenta a propriedade comutativa, pois, dados dois números naturais **a** e **b**, sendo **a** diferente de **b**, temos que $\frac{a}{b} \neq \frac{b}{a}$.

Exemplo:

$(10 \div 5) \neq (5 \div 10)$

- **Propriedade associativa**: A divisão não apresenta a propriedade associativa, pois, dados os números naturais **a**, **b** e **c**, temos que $(a \div b) \div c \neq a \div (b \div c)$.

Exemplo:

$(10 \div 5) \div 2 \neq 10 \div (5 \div 2)$

- **Elemento neutro da divisão**: A divisão de números naturais não tem elemento neutro, uma vez que 2 dividido por 1 é igual a 2, mas 1 dividido por 2 não pertence ao conjunto dos números naturais.

3.1.4.3 Critérios de divisibilidade

Há regras que nos permitem saber se um número é divisível ou não por outro número, sem a necessidade de efetuarmos a divisão.

Quadro 3.1 – Critérios de divisibilidade

Divisibilidade por	Critério: se	Exemplos
2	o algarismo das unidades for par (o número termina em 0, 2, 4, 6, 8)	342 800 646
3	a soma dos algarismos do número for divisível por 3	333 573 135
4	os dois últimos algarismos do número forem divisíveis por 4 ou o número terminar em 00	1 144 7 004 2 500
5	o número terminar em 5 ou em 0	565 1 350 1 675
6	o número for simultaneamente divisível por 2 e por 3	222 1 290 660
8	os três últimos algarismos do número forem divisíveis por 8 ou o número terminar em 000	4 016 9 000 2 888
9	a soma dos algarismos do número for divisível por 9	1 422 801 909
10	o número terminar em 0	100 47 300 89 560

3.1.5 Potenciação de números naturais

A potência de um número natural é a multiplicação desse número por ele mesmo. O número natural é a base da potência, e a quantidade de vezes que ele será multiplicado por ele mesmo é o expoente da potência. Representamos assim:

$$N^a = \underbrace{N \cdot N \cdot N \cdot \ldots \cdot N}_{\text{"a" vezes}}$$

O número N é multiplicado por ele mesmo **a** vezes.

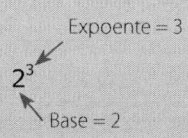

> Expoente = 3
> 2^3
> Base = 2
>
> O expoente indica quantas vezes precisamos multiplicar a base por ela mesma. Assim:
>
> $2^3 = 2 \cdot 2 \cdot 2 = 8$

3.1.5.1 O quadrado de um número

Quando um número N está elevado ao expoente 2, lemos "N ao quadrado", ou seja, no caso de 10^2, por exemplo, lemos "dez ao quadrado". Como $10^2 = 10 \cdot 10$, temos que $10^2 = 100$.

Analisemos as figuras a seguir para o completo entendimento do quadrado de um número natural.

$1^2 = 1 \cdot 1 = 1$ Temos apenas 1 quadradinho.

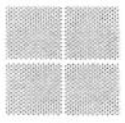

$2^2 = 2 \cdot 2 = 4$ Temos um total e 4 quadradinhos.

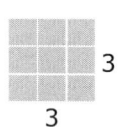

$3^2 = 3 \cdot 3 = 9$ Temos um total de 9 quadradinhos.

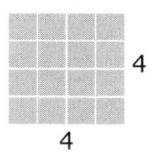

$4^2 = 4 \cdot 4 = 16$ Temos um total de 16 quadradinhos.

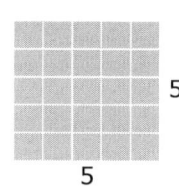

$5^2 = 5 \cdot 5 = 25$ Temos um total de 25 quadradinhos.

Observe que temos igual quantidade de quadradinhos tanto na base quanto na altura dos desenhos.

3.1.5.2 O cubo de um número

Quando um número N está elevado ao expoente 3, lemos "N ao cubo". Assim, no caso de 10^3, por exemplo, lemos "10 ao cubo". Como $10^3 = 10 \cdot 10 \cdot 10$, temos que $10^3 = 1\,000$.

Analisemos as figuras a seguir para o completo entendimento do cubo de um número natural.

$1^3 = 1 \cdot 1 \cdot 1 = 1$
Temos um único cubinho.

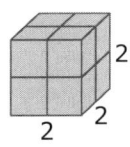

$2^3 = 2 \cdot 2 \cdot 2 = 8$
Temos 8 cubinhos.

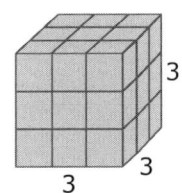

$3^3 = 3 \cdot 3 \cdot 3 = 27$
Temos 27 cubinhos.

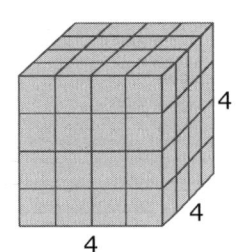

$4^3 = 4 \cdot 4 \cdot 4 = 64$
Temos 64 cubinhos.

Vejamos o exemplo a seguir:

> Um prédio tem 4 andares. Cada andar tem 4 apartamentos. Em cada apartamento residem 4 pessoas. Como podemos representar o número de pessoas que moram no prédio?
> Basta fazer a conta: $4^3 = 4 \cdot 4 \cdot 4 = 64$ pessoas.

3.1.5.3 Definições importantes

Em operações de potenciação, é necessário atentar para os seguintes aspectos:

a. Qualquer número natural diferente de zero que seja elevado a zero é igual a 1.

Exemplos:

$45^0 = 1$ $3\,789^0 = 1$ $2^0 = 1$

b. Todo número natural elevado à unidade 1 é igual a ele mesmo.

Exemplos:

$45^1 = 45$ $\qquad$ $3\,789^1 = 3\,789$ $\qquad$ $2^1 = 2$

c. Zero elevado a qualquer expoente diferente de zero é igual a zero.

Exemplos:

$0^{45} = 0$ $\qquad$ $0^{3\,789} = 0$ $\qquad$ $0^2 = 0$

d. Zero elevado a zero é indeterminado. Então:

$0^0 = ?$

3.1.5.4 Propriedades das potências

Apresentamos, a seguir, as principais propriedades da potenciação.

- **Primeira propriedade**: Em um produto de potências de mesma base, conserva-se a base e somam-se os expoentes. Resumidamente, $a^m \cdot a^n = a^{m+n}$.

  Como exemplo, considere o produto $3^2 \cdot 3^5$. Vamos escrever essas potências na forma de multiplicação:

  $$\underbrace{3 \cdot 3}_{3^2} + \underbrace{3 \cdot 3 \cdot 3 \cdot 3 \cdot 3}_{3^5} = 3^7$$

- **Segunda propriedade**: Em um quociente de potências de mesma base, conserva-se a base e subtraem-se os expoentes. Resumidamente, $a^m \div a^n = a^{m-n}$.

  Como exemplo, considere agora a divisão $2^5 \div 2^3$.

  Vamos escrever essas potências na forma de divisão:

  $$\underbrace{2 \cdot 2 \cdot 2 \cdot 2 \cdot 2}_{2^5} \div \underbrace{2 \cdot 2 \cdot 2}_{2^3} = \frac{2 \cdot 2 \cdot \cancel{2} \cdot \cancel{2} \cdot \cancel{2}}{\cancel{2} \cdot \cancel{2} \cdot \cancel{2}} = 2^2$$

- **Terceira propriedade**: A potência de uma potência pode ser escrita na forma de uma potência única, conservando-se a base e multiplicando-se os expoentes. Resumidamente, $(a^m)^n = a^{m \cdot n}$.

  Como exemplo, considere as potências $(2^3)^2$. Vamos escrever essas potências na forma de multiplicação:

  $(2^3)^2 = (2^3) \cdot (2^3) = 2^{3+3} = 2^{3 \cdot 2} = 2^6 = 64$

- **Quarta propriedade**: A potência de um produto é igual ao produto das potências, conservando-se o expoente. Resumidamente, $(a \cdot b)^m = a^m \cdot b^m$.

Como exemplo, considere a potência $(2 \cdot 5)^2$. Vamos escrever essa potência na forma de multiplicação:

$(2 \cdot 5) \cdot (2 \cdot 5) = 2 \cdot 5 \cdot 2 \cdot 5 = 2^2 \cdot 5^2$

Como o expoente indica quantas vezes devemos multiplicar a base por ela mesma, temos que $a^1 = a$. Ou seja, qualquer número elevado a 1 (um) é igual a ele mesmo, como vimos no segundo caso da seção anterior.

No terceiro caso apresentado na mesma seção, vimos que qualquer número diferente de zero que seja elevado a zero é igual a 1 (um). Isso é facilmente demonstrado da seguinte forma:

$$a^0 = a^1 \cdot a^{-1} = a^1 \cdot \frac{1}{a^1} = 1$$

3.1.6 Radiciação de números naturais

A radiciação é a operação inversa da potenciação. Por exemplo, a operação inversa de elevar um número ao quadrado é extrair sua raiz quadrada; a operação inversa de elevar um número ao cubo é extrair sua raiz cúbica, e assim por diante.

O símbolo da radiciação é $\sqrt{}$ e nós o chamamos de *radical*. Vejamos os elementos que figuram nos radicais:

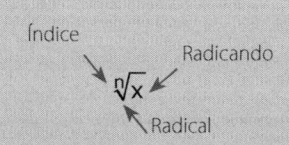

$$\underset{\text{Radical}}{\underset{\uparrow}{\overset{\text{Índice}\quad\text{Radicando}}{\overset{\downarrow\qquad\downarrow}{\sqrt[n]{x}}}}}$$

Contudo, quando o índice é 2, não é comum representá-lo. Assim, a raiz quadrada de 16 pode ser escrita da saguinte forma: $\sqrt{16}$.

Vejamos outros exemplos:

a) $\sqrt[3]{27}$ (lê-se "raiz cúbica de 27"): 3 é o índice da raiz e 27 é o radicando.

b) $\sqrt[4]{16}$ (lê-se "raiz quarta de 16"): 4 é o índice da raiz e 16 é o radicando.

A raiz enésima de um número natural N é um número que, multiplicado por ele mesmo **n** vezes, resulta em N. Assim, a raiz quadrada de 16 é 4, porque $4 \cdot 4 = 16$. A raiz cúbica de 27 é 3, porque $3 \cdot 3 \cdot 3 = 27$. A raiz quarta de 16 é 2, porque $2 \cdot 2 \cdot 2 \cdot 2 = 16$. Como último exemplo, a raiz quarta de 625 é 5, porque $5 \cdot 5 \cdot 5 \cdot 5 = 625$.

3.1.6.1 Propriedades dos radicais

As propriedades dos radicais são utilizadas para auxiliar nas operações que envolvem raízes. Para seu correto entendimento, precisamos compreender que radicais semelhantes são aqueles em que tanto os índices quanto os radicandos são semelhantes, ou seja, têm o mesmo valor (índice **n** e radicando **A^m**) ou quando esses valores são múltiplos (índice **Kn** e radicando **A^{km}**).

- **Primeira propriedade**: A soma de radicais semelhantes é um radical semelhante cujo coeficiente (fator fora do radical) é a soma dos coeficientes dos radicais dados. Quando um radical não tem o seu coeficiente expresso, subentende-se que ele é igual à unidade.

Exemplos:

a) $\sqrt[3]{9} + 2\sqrt[3]{9} = 3\sqrt[3]{9}$

b) $2\sqrt{37} + 4\sqrt{37} = 6\sqrt{37}$

- **Segunda propriedade**: A diferença entre dois radicais semelhantes é um radical semelhante cujo coeficiente é a diferença entre os coeficientes dos radicais dados.

Exemplos:

a) $7\sqrt{22} - 5\sqrt{22} = 2\sqrt{22}$

b) $4\sqrt[5]{21} - \sqrt[5]{21} = 3\sqrt[5]{21}$

- **Terceira propriedade**: O produto de radicais de mesmo índice é um radical de índice igual que tem por radicando o produto dos radicandos dados.

Exemplos:

a) $3\sqrt[4]{5} \cdot 2\sqrt[4]{6} = 6\sqrt[4]{30}$

b) $\sqrt{17 \cdot 9} = \sqrt{17} \cdot \sqrt{9}$

- **Quarta propriedade**: O quociente de dois radicais de mesmo índice é um radical de índice igual que tem como radicando o quociente dos radicandos dados.

Exemplos:

a) $\dfrac{\sqrt[3]{18}}{\sqrt[3]{6}} = \sqrt[3]{3}$

b) $\dfrac{36}{9} \cdot \dfrac{\sqrt[5]{48}}{\sqrt[5]{6}} = 4 \cdot \sqrt[5]{8}$

Teoria dos números e teoria dos conjuntos

- **Quinta propriedade**: Para introduzir um fator em um radical, elevamos esse fator a uma potência igual à do índice desse radical.

Exemplos:

a) $2 \cdot \sqrt[3]{3} = \sqrt[3]{2^3} \cdot \sqrt[3]{3}$

b) $5 \cdot \sqrt{10} = \sqrt{5^2} \cdot \sqrt{10}$

- **Sexta propriedade**: A raiz enésima de um radical é equivalente à de outro radical de índice igual ao produto dos índices dos radicais dados.

Exemplos:

a) $\sqrt{\sqrt[3]{48}} = \sqrt[6]{48}$

b) $\sqrt[3]{\sqrt[4]{\sqrt[2]{74}}} = \sqrt[24]{74}$

- **Sétima propriedade**: Para elevar um radical a uma potência, elevamos o radicando a essa potência.

Exemplos:

a) $\left(\sqrt{5^2}\right)^3 = \sqrt{5^6} = \sqrt{15\,625}$

b) $\left(\sqrt[3]{3}\right)^4 = \sqrt[3]{3^4} = \sqrt[3]{81}$

- **Oitava propriedade**: Toda potência de expoente fracionário pode ser transformada em uma raiz em que o numerador da fração é o expoente do radicando e o denominador da fração é o índice da raiz.

Exemplos:

a) $(4)^{\frac{2}{5}} = \sqrt[5]{4^2}$

b) $\left(\dfrac{2}{5}\right)^{\frac{1}{2}} = \sqrt{\dfrac{2}{5}}$

Importante!

Os radicais $\sqrt[n]{A^m}$ e $\sqrt[kn]{A^{km}}$ são semelhantes.

3.2 Conjunto dos números inteiros ou inteiros relativos (Z)

Os números inteiros, ou inteiros relativos, são os números naturais aos quais acrescentamos o sinal positivo ou negativo, mais o número zero. Representamos por:

$$Z = \{..., -3, -2, -1, 0, +1, +2, +3, ...\}$$

Observe que N é um subconjunto de Z. Logo, todo número natural é um número inteiro.

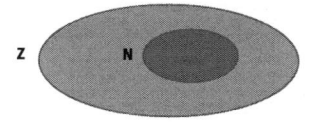

Podemos ainda definir os números inteiros como o conjunto dos números naturais mais os seus opostos (ou simétricos) e o zero.

▪ Importante!

a. Note que $1 = +1$, $2 = +2$, e assim sucessivamente, o que nos permite afirmar que **todo número natural é número inteiro**.

b. O número +5 é chamado de *oposto* ou *simétrico* de −5, o número −5 é chamado de *oposto* ou *simétrico* de +5. Logo, **+n** e **−n** são **opostos** ou **simétricos**.

c. Módulo ou valor absoluto de um número inteiro é o próprio número desprovido de sinal. Por exemplo, o módulo ou valor absoluto de +5 é 5; o módulo ou valor absoluto de −5 é 5. Representa-se o **módulo de um número n** por $|n|$.

d. Z_+ são os números inteiros não negativos.

e. Z_- são os números inteiros não positivos.

f. Z_+^* são os números inteiros estritamente positivos (sem o zero).

g. Z_-^* são os números inteiros estritamente negativos (sem o zero).

h. Os números positivos podem ser escritos sem o sinal à sua frente. Então, $+3 = 3$, $+5 = 5$, e assim por diante.

3.2.1 Adição de números inteiros

Quando somamos dois números inteiros, se as parcelas tiverem **sinais diferentes**, devemos subtrair a menor parcela da maior e conservar o sinal da parcela de maior módulo. Caso as parcelas tenham **sinais iguais**, somamos as parcelas e conservamos o sinal.

Importante!

Se na frente dos parênteses houver um sinal positivo, basta retirarmos os parênteses, conservando o sinal dos números do seu interior. Se na frente dos parênteses, entretanto, houver um sinal negativo, ao retirarmos os parênteses, devemos trocar o sinal dos números do seu interior.

Vejamos alguns exemplos a seguir.

Quando os números têm o mesmo sinal, somam-se os módulos e atribui-se o sinal comum.

a) $(+2) + (+5) = +7$

b) $(-2) + (-5) = -7$

Quando os números têm sinais contrários, subtraem-se os módulos e atribui-se o sinal do número de maior módulo.

a) $(-2) + (+5) = +3$

b) $(+2) + (-5) = -3$

A seguir, apresentamos mais alguns exemplos para assegurar que você entenda bem a regra.

a) $72 + 15 = 87$

b) $(-34) + (-15) = -34 - 15 = -49$

c) $63 + (-34) = 63 - 34 = 29$

d) $83 + (-15) = 83 - 15 = 68$

e) $(-20) + (-12) = -20 - 12 = -32$

3.2.2 Subtração de números inteiros

Na subtração de dois números inteiros, devemos retirar os números dos parênteses e subtrair o número de menor módulo do número de maior módulo. O **sinal** do resultado deverá ser **igual ao do número de maior módulo**.

Exemplos:

a) $77 - 37 = 40$

b) $(-35) - (+8) = -35 - 8 = -43$

c) $(-123) - 70 = -123 - 70 = -193$

d) $91 - (-38) = 91 + 38 = 129$

e) $(-20) - (-12) = -20 + 12 = -8$

f) $(+5) - (+3) = (+5) + (-3) = +2$

g) $(+5) - (-3) = (+5) + (+3) = +8$

h) $(-5) - (-3) = (-5) + (+3) = -2$

i) $(-5) - (+3) = (-5) + (-3) = -8$

3.2.3 Multiplicação de números inteiros

A multiplicação de números inteiros é efetuada seguindo-se o mesmo algoritmo que mostramos na multiplicação de números naturais. Devemos, porém, prestar atenção ao sinal das parcelas que estão sendo multiplicadas.

Para a multiplicação ou produto de dois números inteiros, multiplica-se o primeiro número pelo segundo e atribui-se ao resultado o **sinal (+)** se os dois números tiverem **sinais iguais** e o **sinal (−)** se os dois números tiverem **sinais contrários**.

Exemplos:

a) $(+5) \cdot (+3) = +15$

b) $(+5) \cdot (-3) = -15$

c) $(-5) \cdot (-3) = +15$

d) $(-5) \cdot (+3) = -15$

> **Regra!**
>
> Ao multiplicarmos dois números inteiros que tenham o **mesmo sinal**, o resultado será **positivo**.
>
> Ao multiplicarmos dois números inteiros que tenham **sinais diferentes**, o resultado será **negativo**.

Exemplos:

a) $(+12) \cdot (+4) = +48$

b) $(+12) \cdot (-8) = -96$

c) $(-5) \cdot (+10) = -50$

d) $(-6) \cdot (-4) = +24$

e) $(-15) \cdot 0 = 0$

3.2.4 Divisão de números inteiros

A divisão de números inteiros é efetuada seguindo-se o mesmo algoritmo que utilizamos na divisão de números naturais e levando-se em consideração a **regra de sinais** utilizada na multiplicação de números inteiros.

Exemplos:

a) $(+100) \div (+25) = +4$

b) $(+64) \div (-8) = -8$

c) $(-120) \div (+6) = -20$

d) $(-55) \div (-11) = +5$

e) $(-137) \div (-1) = +137$

Para o quociente ou divisão de dois números inteiros, divide-se o primeiro número pelo segundo e atribui-se ao resultado o **sinal (+)** se os dois números tiverem **sinais iguais** e o **sinal (−)** se os dois números tiverem **sinais contrários**.

> **Regra!**
>
> O divisor necessariamente precisa ser diferente de zero, pois não faz sentido dividir qualquer quantidade por zero.

Vejamos mais alguns exemplos que evidenciam a importância de considerarmos os sinais dos números envolvidos na divisão.

a) $(+6) \div (+3) = +2$

b) $(+6) \div (-3) = -2$

c) $(-6) \div (-3) = +2$

d) $(-6) \div (+3) = -2$

3.2.5 Potenciação de números inteiros

Já vimos que a potenciação é a operação que substitui a multiplicação de fatores iguais e já aprendemos a calcular as potências cujas bases são positivas. Agora, vamos incluir cálculos de potências cujas bases são negativas.

Suponhamos que queremos calcular $(-2)^4$.

Sabemos que $(-2)^4 = \underbrace{(-2) \cdot (-2)}_{(+4)} \cdot \underbrace{(-2) \cdot (-2)}_{(+4)} = +16$

Assim, podemos enunciar as seguintes regras para as operações de potenciação de números inteiros:

Regra!

Potência de base negativa e expoente par tem como resultado um número positivo.

Suponhamos agora que queremos calcular $(-2)^5$.

Sabemos que $(-2)^5 = \underbrace{(-2) \cdot (-2)}_{(+4)} \cdot \underbrace{(-2) \cdot (-2)}_{(+4)} \cdot (-2) =$
$= \underbrace{(+4) \cdot (+4)}_{(+16)} \cdot (-2) =$
$= (+16) \cdot (-2) = -32$

Regra!

Potência de base negativa e expoente ímpar tem como resultado um número negativo.

3.2.6 Radicais de números inteiros

Quando estudamos os números naturais, vimos que a radiciação é a operação inversa da potenciação. Assim, para calcularmos a raiz enésima de um número N, precisamos saber qual é o número que, multiplicado por ele mesmo **n** vezes, é igual a N. Será que essa definição é válida também para números negativos?

Suponhamos que queremos determinar a raiz quadrada de –9.

Temos, então, a pergunta: Que número multiplicado por ele mesmo duas vezes resulta no número –9?

Sabemos que +3 não é, pois (+3) · (+3) = +9. Sabemos também que –3 não é, porque (–3) · (–3) = +9. Portanto, podemos dizer que $\sqrt{-9} \notin R$.

Regra!
Um radical cujo índice é par e cujo radicando é negativo não tem raiz real.

Vamos, agora, determinar a raiz cúbica de –27. Temos, então, a pergunta: Qual é o número que multiplicado por ele mesmo três vezes resulta no número –27?

Perceba que essa pergunta tem resposta, pois (–3) · (–3) · (–3) = –27, por causa da regra dos sinais. Portanto, $\sqrt[3]{-27} = -3$.

Regra!
Um radical cujo índice é ímpar e cujo radicando é negativo tem raiz real.

3.3 Números racionais (Q)

Os números racionais são os números na forma $\frac{p}{q}$, em que **p** e **q** são números inteiros e **q** ≠ 0. Representamos por:

$$Q = \{..., -\frac{3}{4}, ..., -\frac{1}{2}, ..., -0,1, ..., 0, ..., 0,1, ..., \frac{1}{2}, ..., \frac{3}{4}, ...\}$$

Perceba que todos os elementos do conjunto dos números inteiros (Z) pertencem ao conjunto dos números racionais (Q). Como N é um subconjunto de Z e Z é um subconjunto de Q, então N também é um subconjunto de Q.

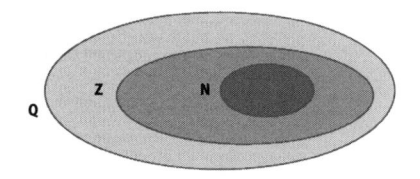

Então:

$$Q = \{x \ / \ x = \frac{p}{q}, \text{ em que } p \in Z \text{ e } q \in Z^*\}$$

3.3.1 Frações

Uma fração ou número fracionário representa um número racional e é expressa da seguinte forma:

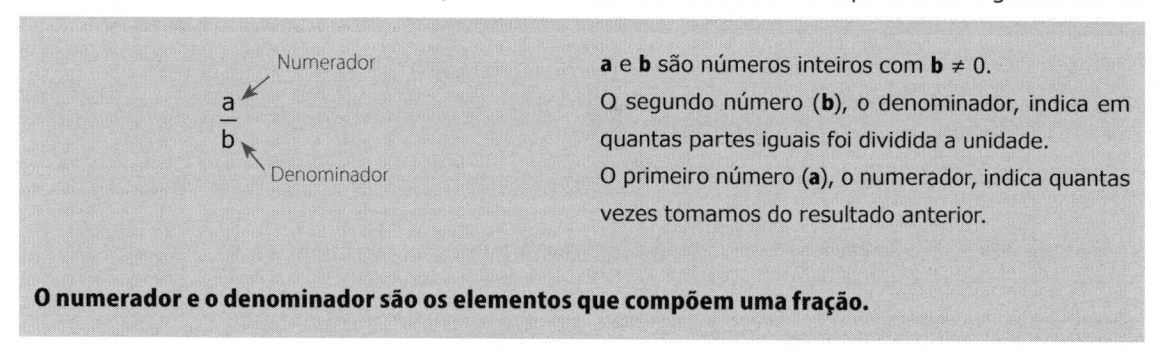

$$\frac{a}{b}$$ — Numerador / Denominador

a e **b** são números inteiros com **b** ≠ 0.
O segundo número (**b**), o denominador, indica em quantas partes iguais foi dividida a unidade.
O primeiro número (**a**), o numerador, indica quantas vezes tomamos do resultado anterior.

O numerador e o denominador são os elementos que compõem uma fração.

Representemos a unidade por um círculo e dividamos esse círculo em quatro partes iguais. A cada parte desse círculo chamaremos *um quarto* e representaremos por $\frac{1}{4}$. O par de números naturais 1 e 4, assim representados, constituem uma fração.

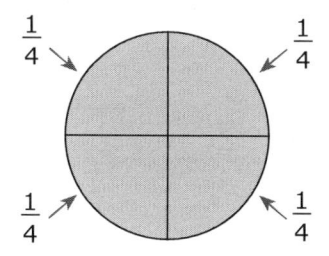

Como exemplo, suponhamos que uma barra de chocolate foi dividida em 8 partes iguais;

Como o todo foi dividido em 8 partes, o denominador da fração é igual a 8.

A parte branca corresponde a uma das partes em que foi dividido o chocolate. Portanto, dizemos que a parte branca vale $\frac{1}{8}$ (lê-se "um oitavo") da barra de chocolate. A parte cinza corresponde a $\frac{3}{8}$ (lê-se "três oitavos") da barra de chocolate, e a parte preta corresponde a $\frac{4}{8}$ (lê-se "quatro oitavos") da barra de chocolate.

Agora, observe, a seguir, outras frações.

Tanto a parte branca quanto a parte preta representam $\frac{1}{2}$:

A parte preta representa $\frac{3}{4}$ e a parte branca representa $\frac{1}{4}$:

A parte branca representa $\frac{9}{10}$ (lê-se "nove décimos") e a parte preta representa $\frac{1}{10}$ (lê-se "um décimo"):

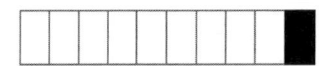

Frações cujos denominadores são 10, 100, 1 000, 10 000 etc. são chamadas de *frações decimais*. Assim, lemos a fração $\frac{5}{100}$ como "cinco centésimos", a fração $\frac{15}{1\,000}$ como "quinze milésimos", e assim por diante.

Vamos, agora, analisar um problema que envolve frações.

> Gabriela possui em sua biblioteca 48 livros, dos quais já leu $\frac{5}{8}$. Quantos livros Gabriela já leu? Quantos livros ainda faltam para Gabriela ler?
>
> Para calcularmos quantos livros Gabriela já leu, fazemos a seguinte conta:
>
> $\frac{5}{8}$ de 48
>
> O denominador da fração indica em quantas partes temos de dividir o todo. Nesse caso, precisamos dividir os livros em 8 partes iguais. Logo, cada parte terá 6 livros.
>
> O numerador da fração indica quantas dessas partes vamos "pegar". Nesse caso, vamos utilizar 5 partes. Portanto, Gabriela já leu 5 · 6 = 30 livros, e ainda faltam outros 18 livros para serem lidos por ela.
>
> Veja como podemos fazer essa conta rapidamente:
>
> Na expressão $\frac{5}{8}$ de 48, substituímos a palavra *de* pelo sinal de multiplicação e o traço de fração pelo sinal de divisão. Assim:
>
> $\frac{5}{8} \cdot 48 = \frac{5 \cdot 48}{8} = \frac{240}{8} = 240 \div 8 = 30.$

3.3.2 Frações equivalentes

Vimos que, se dividirmos uma barra de chocolate em duas partes iguais, tanto a parte branca quanto a parte preta representam $\frac{1}{2}$ da barra de chocolate.

Se dividirmos a barra em 4 partes iguais, a parte branca representa $\frac{2}{4}$ e a parte preta representa $\frac{2}{4}$ da barra de chocolate.

Observamos, no desenho, que $\frac{1}{2}$ e $\frac{2}{4}$ representam a mesma parte da barra inteira. Por isso, $\frac{1}{2}$ e $\frac{2}{4}$ são chamadas de *frações equivalentes*.

Para obtermos uma fração que seja equivalente a outra, devemos multiplicar ou dividir tanto o numerador quanto o denominador da fração dada pelo mesmo número natural, diferente de zero.

No exemplo anterior, multiplicamos o numerador e o denominador da fração $\frac{1}{2}$ por 2.
Vamos analisar outros exemplos.

a) Se as frações $\frac{1}{3}$ e $\frac{x}{6}$ são equivalentes, quanto vale **x**?

Observe que, se as frações são equivalentes, podemos escrever:

$$\frac{1}{3} = \frac{x}{6}$$

Olhando para os denominadores, verificamos que o denominador da primeira fração foi multiplicado por 2. Então, o numerador dessa primeira fração deve ser também multiplicado por 2. Logo, x = 2.

b) Se as frações $\frac{5}{x}$ e $\frac{15}{6}$ são equivalentes, quanto vale **x**?

Observe que, se as frações são equivalentes, podemos escrever:

$$\frac{5}{x} = \frac{15}{6}$$

Olhando para os numeradores, verificamos que o numerador da primeira fração foi multiplicado por 3. Então, o denominador da segunda fração também deve ser multiplicado por 3. Logo, x = 2.

3.3.2.1 Fração irredutível

Fração irredutível é a forma mais simples de se escrever uma fração, ou seja, não é possível simplificá-la além do que já está.

Por meio do conceito de frações equivalentes, podemos simplificar uma fração dividindo seu numerador e seu denominador por um mesmo número. Por exemplo, a fração $\frac{8}{24}$ pode ser simplificada dividindo-se o numerador e o denominador por 2. Assim, obtemos $\frac{4}{12}$. Como os dois valores ainda são pares, podemos dividir novamente o numerador e o denominador por 2 e obter $\frac{2}{6}$. Novamente observamos que os dois valores são pares. Dividindo o numerador e o denominador novamente por 2, obtemos $\frac{1}{3}$. Essa é a forma irredutível da fração.

> Simplificar uma fração significa calcular a fração irredutível equivalente à fração dada.

3.3.3 Múltiplos de um número natural

Uma pessoa adulta percorre 5 quilômetros por hora a pé. Com base nessas informações, observe a Tabela 3.1 a seguir.

Tabela 3.1 – Relação entre horas de caminhada e quilômetros percorridos

Horas de caminhada	0	1	2	3	4	5	6	7	8	9	10
Quilômetros percorridos	0	5	10	15	20	25	30	35	40	45	50

Os números que representam os quilômetros percorridos são múltiplos naturais do número 5, uma vez que foram obtidos pela multiplicação de um número natural por 5.

Temos, nesse exemplo, o conjunto dos seguintes números naturais:

N = {0, 1, 2, 3, 4, 5, 6, 7, 8, 9, 10}

Temos também o conjunto dos respectivos múltiplos naturais de 5:

M(5) = {0, 5, 10, 15, 20, 25, 30, 35, 40, 45, 50}

Observe, entretanto, que, assim como o conjunto dos números naturais é infinito, o conjunto dos múltiplos de 5 é igualmente infinito e que o menor múltiplo natural de um número é sempre o zero.

Consideremos agora o conjunto dos números naturais:

N = {0, 1, 2, 3, 4, 5, 6, 7, 8, 9, 10, 11}

Determinemos os 12 primeiros múltiplos naturais de 2. Temos:

M(2) = {0, 2, 4, 6, 8, 10, 12, 14, 16, 18, 20, 22}

Compare agora os múltiplos de 5 e os múltiplos de 2 e verifique quais múltiplos aparecem nos dois conjuntos, M(5) e M(2). Você verificará que os valores que aparecem simultaneamente nos dois conjuntos são {0, 10, 20}. Esses valores são os múltiplos comuns a 2 e a 5. Assim, o menor múltiplo comum a 2 e a 5, diferente de zero, é o 10.

3.3.4 Mínimo múltiplo comum (MMC)

Considerando a análise feita anteriormente, podemos definir como **mínimo múltiplo comum (MMC)** de dois ou mais números o menor múltiplo desses números diferente de zero.

Consideremos, então, os conjuntos dos números múltiplos de 3 e de 4:

M(3) = {0, 3, 6, 9, 12, 15, 18, ...}
M(4) = {0, 4, 8, 12, 16, 20, 24, ...}

É fácil verificar que os múltiplos comuns a 3 e a 4 são {0, 12, 24, ...}. É igualmente fácil constatar que o menor múltiplo desses múltiplos comuns, diferente de zero, é o 12. Dizemos, então, que o MMC de 3 e 4 é o 12. Representamos por:

MMC (3, 4) = 12

Há outra forma de você calcular o MMC de dois ou mais números inteiros, que consiste em decompor simultaneamente esses números em fatores primos. Contudo, vamos primeiro entender o que são números primos.

3.3.5 Números primos e números compostos

Um número natural é denominado *número primo* quando ele tem exatamente dois divisores: o número 1 e ele mesmo.

Observe que o 2 é o único número par que é primo, pois é divisível por 1 e por ele mesmo. Qualquer outro número par maior que 2 terá no mínimo três divisores: o 1, o 2 e ele mesmo.

Então, o conjunto de números primos é infinito e é assim representado:

$$\{2, 3, 5, 7, 11, 13, 17, 19, 23, 29, 31, ...\}$$

O número 9, por exemplo, não é primo, pois, além de ter como divisores o 1 e o 9, também apresenta como divisor o número 3. Quando um número tem mais de dois divisores, é denominado *número composto*.

3.3.6 Método da decomposição em fatores primos (ou fatoração)

Os números compostos podem ser escritos como produtos de números primos. Por exemplo, o 9 pode ser escrito como 3 · 3; o 15 pode ser escrito como 3 · 5; o 16 pode ser escrito 2 · 2 · 2 · 2, e assim por diante.

Para fatorar um número composto, ou seja, fazer a sua decomposição em fatores primos, basta dividi-lo sucessivamente pelo menor número primo possível.

Como exemplo, vamos fatorar o número 24.

24	2
12	2
6	2
3	3
1	2 · 2 · 2 · 3

Em outras palavras, o número 24 é igual a 2 · 2 · 2 · 3, que é a forma fatorada do número 24. Vamos a outro exemplo, fatorando o número 60.

$$
\begin{array}{r|l}
60 & 2 \\
30 & 2 \\
15 & 3 \\
5 & 5 \\
\hline
1 & 2 \cdot 2 \cdot 3 \cdot 5
\end{array}
$$

Na prática, fazemos a decomposição de dois ou mais números em fatores primos, sucessivamente, ou seja:

24	60	2	→ Os dois números podem ser divididos por 2.
12	30	2	→ Os dois números ainda podem ser divididos por 2.
6	15	2	→ Ainda há um número par. Continuamos dividindo por 2.
3	5	3	→ Passamos ao próximo número primo, no caso, o número 3.
1	5	5	→ Agora, o próximo número primo é o 5.
1	1	2 · 2 · 2 · 3 · 5	

Agora que os dois números estão fatorados, qual é o MMC desses números?

Para responder, basta multiplicarmos todos os fatores primos encontrados, ou seja:

2 · 2 · 2 · 3 · 5 = 120

Assim, temos:

MMC (24, 60) = 120

3.3.7 Adição e subtração de frações

Para somarmos ou subtrairmos frações cujos denominadores são diferentes, precisamos transformar as frações de tal forma que todas passem a ter o mesmo denominador. Para isso, precisamos determinar qual é o MMC dos denominadores das frações envolvidas.

Vamos somar $\frac{1}{2} + \frac{2}{3}$.

$$
\begin{array}{rr|l}
2 & 3 & 2 \\
1 & 3 & 3 \\
\hline
1 & 1 & 2 \cdot 3 = 6
\end{array}
$$

MMC (2, 3) = 2 · 3 = 6

Assim, escrevemos as frações com o denominador comum, igual a 6.

Para calcularmos os numeradores, devemos dividir o denominador comum pelo denominador original de cada fração e multiplicar o resultado pelo numerador original. Então, na primeira fração, 6 dividido por 2 é igual a 3, e 3 vezes 1 é igual a 3. Na segunda fração, 6 dividido por 3 é igual a 2, e 2 vezes 2 é igual a 4. Então:

$$\frac{1}{2}+\frac{2}{3}=\frac{3}{6}+\frac{4}{6}=\frac{7}{6}$$

Vamos agora fazer um exemplo de subtração de frações: $\frac{2}{15}-\frac{1}{12}$.

Primeiro, devemos calcular o MMC de 12 e 15.

$$\begin{array}{rr|l} 12 & 15 & 2 \\ 6 & 15 & 2 \\ 3 & 15 & 3 \\ 1 & 5 & 5 \\ 1 & 1 & 2 \cdot 2 \cdot 3 \cdot 5 = 60 \end{array}$$

Logo, MMC (12, 15) = 60. Esse será o novo denominador das frações a subtrair.

Na primeira fração, 60 dividido por 15 é igual a 4, e 4 vezes 2 é igual a 8 (esse é o novo numerador da primeira fração). Na segunda fração, 60 dividido por 12 é igual a 5, e 5 vezes 1 é igual a 5 (esse é o novo numerador da segunda fração). Então:

$$\frac{2}{15}-\frac{1}{12}=\frac{8}{60}-\frac{5}{60}=\frac{3}{60}$$

Podemos simplificar o resultado obtido dividindo o numerador e o denominador por 3. Assim, obtemos como resultado a fração equivalente $\frac{1}{20}$.

3.3.8 Números mistos

A soma de um número natural com um número fracionário pode ser representada pelo que chamamos *número misto*.

Exemplo:

$3 + \frac{1}{4} = 3\frac{1}{4}$ (lê-se "três inteiros e um quarto").

Os números mistos, portanto, representam valores maiores que o número inteiro. A seguir, temos a representação do valor $3\frac{1}{4}$ por meio de barras:

	= 1 inteiro
	= 1 inteiro
	= 1 inteiro
	= um quarto

Para transformarmos um número misto em um número fracionário, procedemos da seguinte maneira:

$$3\frac{1}{4} = \frac{4 \cdot 3 + 1}{4} = \frac{13}{4}$$

Ou seja, multiplicamos o denominador pela parte inteira (3 · 4) e ao resultado obtido somamos o numerador (+ 1).

Vejamos outro exemplo:

$$5\frac{2}{3} = \frac{3 \cdot 5 + 2}{3} = \frac{17}{3}$$

Para a operação inversa, ou seja, para transformarmos um número fracionário em um número misto, aplicamos o seguinte procedimento:

$$\frac{17}{3} = 17 \div 3 = 5 \text{ e resto } 2.$$

Então, $\frac{17}{3} = 5 + \frac{2}{3} = 5\frac{2}{3}$.

3.3.9 Multiplicação de frações

Sabemos que a operação de multiplicação indica a soma de parcelas iguais.

Exemplos:

$$4 \cdot 7 = \underbrace{7 + 7 + 7 + 7}_{4 \text{ parcelas iguais}} = 28$$

Da mesma forma:

$$4 \cdot \frac{2}{5} = \underbrace{\frac{2}{5} + \frac{2}{5} + \frac{2}{5} + \frac{2}{5}}_{\text{4 parcelas iguais}} = \frac{8}{5}$$

No primeiro exemplo, estamos multiplicando um número inteiro por outro número inteiro. No segundo exemplo, estamos multiplicando um número inteiro por um número racional. Nos dois casos, a multiplicação está associada à soma de parcelas iguais.

Como fazer, entretanto, quando desejamos multiplicar dois números racionais não inteiros, ou seja, duas frações? Por exemplo, como multiplicar $\frac{2}{5} \cdot \frac{3}{7}$?

Nesse caso, queremos calcular a quinta parte (5) do dobro (2) de três sétimos. Para o melhor entendimento, vamos iniciar com a representação da fração $\frac{3}{7}$:

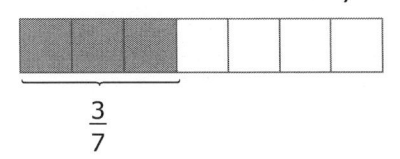

Vamos representar em cinza a quinta parte de $\frac{3}{7}$:

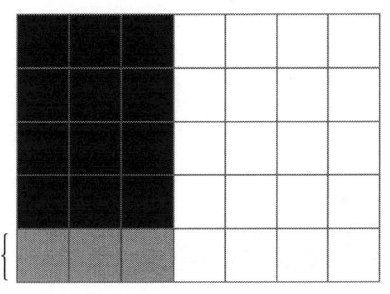

Quinta parte de $\frac{3}{7}$

Agora, vamos representar o dobro da quinta parte de $\frac{3}{7}$:

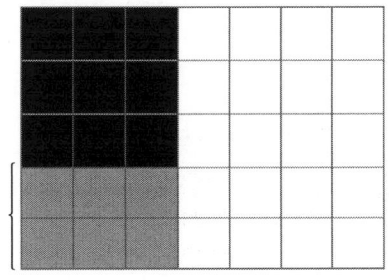

Dobro da quinta parte de $\frac{3}{7}$

Finalmente, vamos representar o resultado. A que fração do todo a parte cinza corresponde?

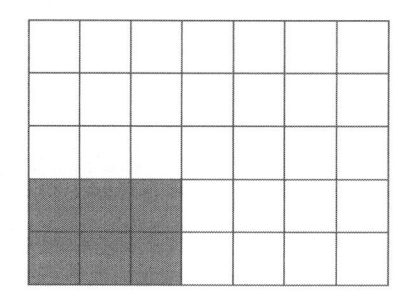

Perceba que o todo está dividido em 35 quadradinhos iguais e somente 6 estão pintados de cinza, ou seja, tomamos 6 partes de 35. Logo, este é o resultado da multiplicação:

$$\frac{2}{5} \cdot \frac{3}{7} = \frac{6}{35}$$

O resultado da multiplicação das frações é uma fração cujo numerador é igual ao produto dos numeradores e cujo denominador é igual ao produto dos denominadores.

Regra!

Para multiplicarmos duas ou mais frações, devemos multiplicar os seus numeradores entre si e os seus denominadores entre si.

Vejamos mais um exemplo:

$$\frac{(-3)}{4} \cdot \frac{2}{5} = \frac{(-6)}{20}$$

3.3.10 Divisão de frações

Vamos tentar descobrir quanto é dois terços dividido por 3. Em linguagem matemática, temos:

$$\frac{2}{3} \div 3$$

Para responder, vamos utilizar novamente desenhos:

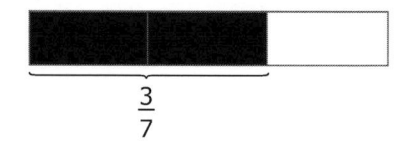

A parte preta representa $\frac{2}{3}$ da figura.

Agora, vamos dividir $\frac{2}{3}$ por 3. A parte cinza representa o resultado da divisão:

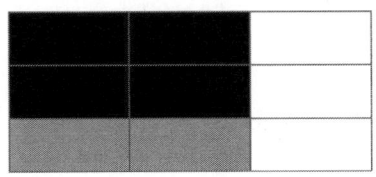

Perceba que o todo está dividido em 9 partes iguais. A parte cinza pode ser representada pela fração $\frac{2}{9}$, ou seja:

$$\frac{2}{3} \div 3 = \frac{2}{9}$$

Para chegarmos a esse resultado com facilidade, devemos multiplicar a primeira fração pelo inverso do segundo número, ou seja:

$$\frac{2}{3} \cdot \frac{1}{3} = \frac{2}{9}$$

E quando estivermos falando da divisão de uma fração por outra fração? Como devemos proceder?

Note que, quando desejamos dividir o número 12 por 3, perguntamos quantas vezes o 3 cabe dentro do 12. Nesse caso, $12 \div 3 = 4$.

Vamos aplicar o mesmo raciocínio para fazer a divisão da fração $\frac{1}{3}$ pela fração $\frac{1}{9}$. Para uma melhor visualização dessa divisão, vamos representá-la com desenhos:

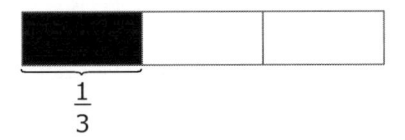

A parte preta representa $\frac{1}{3}$ do todo. A parte cinza representa $\frac{1}{9}$ do todo:

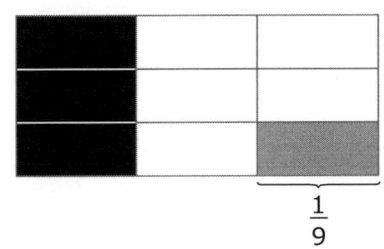

É fácil perceber que a parte cinza cabe na parte preta três vezes. Portanto:

$$\frac{1}{3} \div \frac{1}{9} = 3$$

Como no exemplo anterior, para chegarmos a esse resultado com facilidade, devemos multiplicar a primeira fração pelo inverso da segunda fração, ou seja:

$$\frac{1}{3} \cdot \frac{9}{1} = \frac{9}{3} = 3$$

Regra!

Para a divisão de frações, multiplicamos a primeira fração pelo inverso da segunda.

Para ficar mais claro o procedimento, observe mais um exemplo:

$$\frac{5}{8} \div \frac{1}{3} = \frac{5}{8} \cdot \frac{3}{1} = \frac{15}{8}$$

3.3.11 Divisores de um número natural

Consideremos o número 6. Vamos dividi-lo por outro número de tal forma que a divisão seja exata, isto é, resto igual a zero. Temos:

6 ÷ 1 = 6
6 ÷ 2 = 3
6 ÷ 3 = 2
6 ÷ 6 = 1

Então, dizemos que os números 1, 2, 3 e 6 são os divisores do número 6. O conjunto desses divisores é representado por:

D (6) = {1, 2, 3, 6}

Os divisores de um número, portanto, formam um conjunto finito de números naturais.

Observe que o menor divisor de um número é 1, uma vez que qualquer número pode ser dividido por 1. É importante notar que, como nenhum número poder ser dividido por zero, o zero nunca fará parte dos divisores de qualquer número.

Consideremos agora o número 24. Quais são os seus divisores? Verificamos que o número 24 é divisível por:

24 ÷ 1 = 24
24 ÷ 2 = 12
24 ÷ 3 = 8
24 ÷ 4 = 6
24 ÷ 6 = 4
24 ÷ 8 = 3

$24 \div 12 = 2$

$24 \div 24 = 1$

Assim, temos:

D (24) = {1, 2, 3, 4, 6, 8, 12, 24}

3.3.12 Máximo divisor comum (MDC)

Comparando os divisores do número 6 com os divisores do número 24, verificamos que o maior dos divisores que é comum aos dois números é o 6. Podemos, então, definir como **máximo divisor comum (MDC)** de dois ou mais números o maior número que é comum aos conjuntos dos divisores.

Analisemos, então, outro exemplo.

Consideremos os conjuntos dos números divisores de 24 e de 60:

D (24) = {1, 2, 3, 4, 6, 8, 12, 24}
D (60) = {1, 2, 3, 4, 5, 6, 10, 12, 15, 20, 30, 60}

É fácil verificar que os divisores comuns a 24 e a 60 são {1, 2, 3, 4, 6, 12}. É igualmente fácil verificar que o maior entre eles é o 12. Dizemos, então, que o máximo divisor comum de 24 e 60 é o 12. Representamos por:

MDC (24, 60) = 12

Há outra forma de você calcular o MDC de dois ou mais números inteiros, que consiste em decompor esses números, um a um, em fatores primos. Depois, multiplicam-se os fatores comuns, cada um deles elevado ao menor expoente.

Analisemos o cálculo do MDC de 24 e 60 utilizando esse método.

```
24 | 2           60 | 2
12 | 2           30 | 2
 6 | 2           15 | 3
 3 | 3            5 | 5
 1 | 2·2·2·3      1 | 2·2·3·5
24 = 2³ · 3      60 = 2² · 3 · 5
```

O MDC (24, 60) será obtido multiplicando-se os fatores comuns elevados ao menor expoente. Assim:

MDC (24, 60) = $2^2 \cdot 3 = 12$

3.3.13 Potenciação de frações

A potência de uma fração pode ser resolvida elevando-se tanto o numerador quanto o denominador ao expoente dado. Por exemplo, suponhamos que queremos elevar a fração $\frac{1}{3}$ ao quadrado. Assim:

$$\left(\frac{1}{3}\right)^2 = \frac{1}{3} \cdot \frac{1}{3} = \frac{1}{9}$$

Suponhamos, agora, que queremos elevar a fração $\frac{2}{3}$ à quinta potência. O procedimento é o mesmo, como você pode ver abaixo:

$$\left(\frac{2}{3}\right)^5 = \frac{2}{3} \cdot \frac{2}{3} \cdot \frac{2}{3} \cdot \frac{2}{3} \cdot \frac{2}{3} = \frac{32}{243}$$

Dessa forma, podemos estabelecer a regra indicada a seguir.

Regra!

Quando elevamos uma fração a um expoente, temos de elevar tanto o numerador quanto o denominador a esse expoente.

Vamos, agora, elevar a fração $\frac{(-3)}{4}$ ao cubo. Assim:

$$\left[\frac{(-3)}{4}\right]^3 = \frac{(-3)}{4} \cdot \frac{(-3)}{4} \cdot \frac{(-3)}{4} = \frac{(-27)}{64} = -\frac{27}{64}$$

Assim como nas potências de números inteiros, se a base for negativa e o expoente for ímpar, o resultado da potência será negativo, tendo em vista a **regra dos sinais**. Logo, se a base for negativa, mas o expoente for par, o resultado da potenciação será positivo.

Mas como devemos proceder quando o expoente for negativo?

Nesse caso, devemos inverter o número ou a fração e considerar o expoente positivo.

Por exemplo, o inverso do número 2 é $\frac{1}{2}$. Então, se tivermos a potência 2^{-3}, fazemos o seguinte cálculo:

$$2^{-3} = \frac{1}{2^3} = \frac{1}{2} \cdot \frac{1}{2} \cdot \frac{1}{2} = \frac{1}{8}$$

Vejamos outro exemplo:

$$\left(\frac{2}{3}\right)^{-3} = \left(\frac{3}{2}\right)^3 = \frac{3}{2} \cdot \frac{3}{2} \cdot \frac{3}{2} = \frac{27}{8}$$

3.3.13.1 Propriedades das potências de frações

As propriedades das potências estudadas no conjunto dos números naturais são válidas também para as potências dos números racionais.

- **Primeira propriedade:** $\left(\dfrac{2}{3}\right)^2 \cdot \left(\dfrac{2}{3}\right)^4 = \left(\dfrac{2}{3}\right)^{2+4}$

- **Segunda propriedade:** $\left(\dfrac{1}{5}\right)^7 \div \left(\dfrac{1}{5}\right)^4 = \left(\dfrac{1}{5}\right)^{7-4}$

- **Terceira propriedade:** $\left[\left(\dfrac{1}{5}\right)^2\right]^5 = \left(\dfrac{1}{5}\right)^{2 \cdot 5}$

- **Quarta propriedade:** $\left(\dfrac{1}{3} \cdot \dfrac{3}{5}\right)^2 = \left(\dfrac{1}{3}\right)^2 \cdot \left(\dfrac{3}{5}\right)^2$

3.3.14 Fração irracional

Uma fração é denominada *irracional* quando pelo menos um de seus termos é constituído por um radical. Assim, são exemplos de frações irracionais:

$$\dfrac{3}{\sqrt{405}},\ \dfrac{5}{\sqrt{2}},\ \dfrac{\sqrt[4]{3}}{\sqrt[3]{10}}$$

3.3.14.1 Racionalização de frações

A racionalização de uma fração consiste em tornar racional o seu denominador. Vamos considerar dois casos:

1. O denominador contém um só radical.

Se existe, no denominador da fração, apenas um radical, para a sua racionalização, multiplicam-se ambos os termos da fração por um radical do mesmo índice, com um radicando que torne o denominador uma raiz exata.

Um número é uma raiz exata quando os expoentes dos seus fatores primos são múltiplos do índice do radical. Vejamos como exemplo a fração $\dfrac{7}{\sqrt[5]{2^2}}$.

O menor número que, multiplicado pelo radicando, tem como resultado uma quinta potência perfeita é 2^3. Então, multiplicamos o numerador e o denominador da fração dada por $\sqrt[5]{2^3}$. Temos:

$$\dfrac{7}{\sqrt[5]{2^2}} = \dfrac{7 \cdot \sqrt[5]{2^3}}{\sqrt[5]{2^2} \cdot \sqrt[5]{2^3}} = \dfrac{7 \cdot \sqrt[5]{2^3}}{\sqrt[5]{2^5}} = \dfrac{7 \cdot \sqrt[5]{8}}{2}$$

Vejamos outro exemplo, considerando a fração $\dfrac{5}{\sqrt[3]{12}}$.

Primeiramente, devemos decompor o radicando em fatores primos, ou seja:

$$\frac{5}{\sqrt[3]{12}} = \frac{5}{\sqrt[3]{2^2 \cdot 3}}$$

O menor número que, multiplicado pelo radicando, dá um cubo perfeito é $2 \cdot 3^2$. Então, multiplicamos o numerador e o denominador da fração dada por $\sqrt[3]{2 \cdot 3^2}$. Temos:

$$\frac{5}{\sqrt[3]{12}} = \frac{5}{\sqrt[3]{2^2 \cdot 3}} = \frac{5 \cdot \sqrt[3]{2 \cdot 3^2}}{\sqrt[3]{2^2 \cdot 3} \cdot \sqrt[3]{2 \cdot 3^2}} = \frac{5 \cdot \sqrt[3]{2 \cdot 3^2}}{\sqrt[3]{2^3 \cdot 3^3}} = \frac{5 \cdot \sqrt[3]{18}}{6}$$

2. **O denominador é formado pela soma ou pela diferença de dois termos, dos quais pelo menos um é radical.**

   Nesse caso, multiplicam-se ambos os termos da fração pelo conjugado do denominador.

   Chama-se **conjugado da soma** $(a + b)$ a diferença $(a - b)$. Reciprocamente, o **conjugado da diferença** $(a - b)$ é a soma $(a + b)$.

   Lembre-se de que $(a + b) \cdot (a - b) = a^2 - b^2$.

   Vejamos alguns exemplos.

   Queremos racionalizar a fração $\dfrac{3}{\sqrt{8} + \sqrt{5}}$.

   Multiplicando os dois termos da fração pelo conjugado do denominador, temos:

   $$\frac{3}{\sqrt{8} + \sqrt{5}} = \frac{3 \cdot (\sqrt{8} - \sqrt{5})}{(\sqrt{8} + \sqrt{5}) \cdot (\sqrt{8} - \sqrt{5})} = \frac{3 \cdot (\sqrt{8} - \sqrt{5})}{8 - 5} = \sqrt{8} - \sqrt{5}$$

   Agora, queremos racionalizar a fração $\dfrac{15}{3\sqrt{6} - 7}$. Assim, temos:

   $$\frac{15}{3\sqrt{6} - 7} = \frac{15 \cdot (3\sqrt{6} + 7)}{(3\sqrt{6} - 7) \cdot (3\sqrt{6} + 7)} = \frac{15 \cdot (3\sqrt{6} + 7)}{54 - 49} = 3 \cdot (3\sqrt{6} + 7)$$

3.4 Conjunto dos números irracionais (I)

Os números irracionais são os números reais que não são racionais. Em outras palavras, são os números cuja representação decimal não é exata nem periódica e que, em consequência desse fato, não podem ser escritos sob a forma de fração. Representamos por:

$$I = \{..., -\pi, ..., -\sqrt{3}, ..., -\sqrt{2}, ..., \sqrt{3}, ..., \sqrt{2}, ..., \pi, ...\}$$

Observe que $+\sqrt{4}$ não é um número irracional, pois é igual a +2, que é um número inteiro.

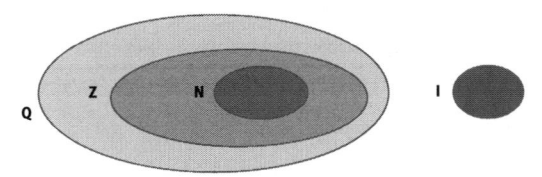

São exemplos de números racionais:

a) $\sqrt{2} = 1,41421356...$

b) $\sqrt{3} = 1,73205081...$

c) $\pi = 3,14159265...$

Observe que nenhum dos elementos do conjunto I pertence aos conjuntos N, Z ou Q.

3.4.1 O número pi

O número pi, representado pela letra grega π, é igual à divisão do perímetro de qualquer círculo, ou circunferência, pelo seu diâmetro.

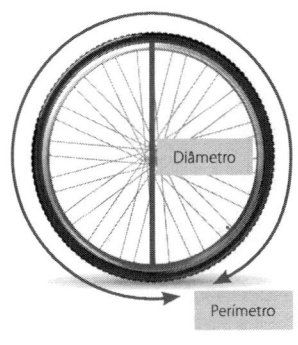

O número pi tem infinitos algarismos em representação decimal. Seu valor, com 52 casas decimais, é:

$$\pi \cong 3,1415926535897932384626433832795028841971693993751058...$$

Em problemas numéricos, os valores mais utilizados para o arredondamento de π são **3,14** e **3,1416**.

3.4.2 Radicais semelhantes

Radicais semelhantes são aqueles que têm o mesmo índice e o mesmo radicando.

Exemplos:

a) $3\sqrt{6}$ e $7\sqrt{6}$ (ambos têm índice igual a 2 e ambos têm radicando igual a 6).

b) $17\sqrt[5]{10}$ e $\sqrt[5]{10}$ (ambos têm índice igual a 5 e ambos têm radicando igual a 10).

3.4.3 Soma e subtração de radicais semelhantes

A soma de radicais semelhantes é um radical semelhante cujo coeficiente é igual à soma dos coeficientes dos radicais dados.

O coeficiente de um radical é o número ou letra que aparece ao seu lado, à esquerda, multiplicando-se o radical. Por exemplo, em $3\sqrt{6}$ o coeficiente é o 3. Em $\sqrt[5]{10}$, o coeficiente é igual a 1.

Exemplos:

a) $3\sqrt{6} + 7\sqrt{6} = 10\sqrt{6}$

b) $17\sqrt[5]{10} - \sqrt[5]{10} = 16\sqrt[5]{10}$

3.4.4 Multiplicação e divisão de radicais

Só podemos multiplicar ou dividir radicais que têm o mesmo índice. O produto ou o quociente de radicais de mesmo índice é outro radical de índice igual que tem por radicando o produto ou o quociente, respectivamente, dos radicandos dados.

Exemplos:

a) $\sqrt[3]{4} \cdot \sqrt[3]{5} = \sqrt[3]{20}$

b) $8\sqrt[4]{9} \cdot 3\sqrt[4]{9} = 24\sqrt[4]{9}$

c) $\dfrac{\sqrt[5]{18}}{\sqrt[5]{6}} = \sqrt[5]{3}$

d) $\dfrac{36\sqrt[3]{48}}{9\sqrt[3]{6}} = 4\sqrt[3]{8}$

3.4.5 Introdução e retirada de fatores em um radical

Para introduzirmos um fator em um radical, elevamos esse fator a uma potência igual à do índice desse radical.

Exemplo:

$$2\sqrt[3]{5} = \sqrt[3]{2^3} \cdot \sqrt[3]{5} = \sqrt[3]{2^3 \cdot 5} = \sqrt[3]{40}$$

Para retirarmos um fator de um radical, fazemos a operação contrária.

Exemplo:

$$\sqrt{50} = \sqrt{2 \cdot 25} = \sqrt{2 \cdot 5^2} = 5 \cdot \sqrt{2}$$

Observe que fizemos a fatoração do radicando, ou seja, $50 = 2 \cdot 5^2$.

3.4.6 Radiciação de radicais

A raiz de um radical é equivalente a outro radical de índice igual ao produto dos índices dos radicais dados.

Exemplos:

a) $\sqrt{\sqrt[3]{4}} = \sqrt[6]{4}$

b) $\sqrt[3]{\sqrt[4]{\sqrt[3]{37}}} = \sqrt[36]{37}$

3.4.7 Potenciação de radicais

Para elevarmos um radical a uma potência, elevamos o radicando a essa potência.

Exemplos:

a) $(\sqrt[3]{6})^2 = \sqrt[3]{6^2} = \sqrt[3]{36}$

b) $(\sqrt[4]{2^3})^2 = \sqrt[4]{2^6} = \sqrt[4]{64}$

3.4.8 Transformação de expoente fracionário em radical

Quando temos uma potência cuja base está elevada a um expoente que é uma fração, podemos transformá-la em um radical. Para isso, deixamos o radicando elevado ao numerador da fração e o índice do radical igual ao denominador da fração, ou seja:

$$A^{\frac{x}{y}} = \sqrt[y]{A^x}$$

Exemplos:

a) $3^{\frac{3}{4}} = \sqrt[4]{3^3}$

b) $\left(\dfrac{2}{3}\right)^{\frac{2}{5}} = \sqrt[5]{\left(\dfrac{2}{3}\right)^2}$

Note que os números com expoentes fracionários são, na realidade, radicais que estão sendo escritos em uma forma alternativa.

3.5 Conjunto dos números reais (R)

Todos os números que estudamos até aqui constituem o que chamamos de *números reais*. Assim, o conjunto dos números reais é formado por todos os números racionais mais os números irracionais. Portanto:

a. todo número natural é real;
b. todo número inteiro é real;
c. todo número racional é real;
d. todo número irracional é real.

Representamos o conjunto dos números reais por R, em que:

$$R = Q \cup I = \{x \mid x \in Q \text{ ou } x \in I\}$$

Podemos ainda representar como:

$$R^v \supset (Q \cup I) \text{ ou } Q \supset Z \supset N$$

Logo:

$$R \supset Q \supset Z \supset N$$

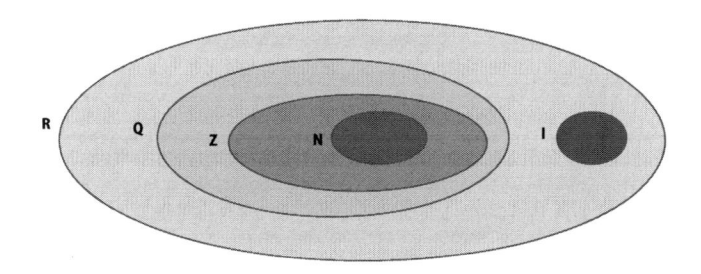

As regras para a realização das operações com os números reais são as mesmas utilizadas nas operações com os números inteiros.

3.5.1 Números decimais

Números decimais são aqueles que têm uma parte inteira e uma parte fracionária. A parte inteira é representada pelos algarismos que estão à esquerda da vírgula, enquanto a parte fracionária é representada pelos algarismos que estão à direita da vírgula.

A parte fracionária pode ser finita ou infinita.

Exemplos:

Parte inteira
2,68
Parte fracionária

Parte inteira
6,333333...
Parte fracionária

Para que você entenda bem as operações com números decimais, vamos novamente utilizar figuras como recurso. Considere que a figura a seguir representa uma unidade. A pergunta é: Quantos décimos há em uma unidade?

Se dividirmos a unidade em 10 partes iguais, cada uma das partes representará um décimo da unidade.

$$10 \cdot \frac{1}{10} = 10 \cdot 0{,}1 = 1$$

Ou seja:

$$= \frac{1}{10} = 0{,}1$$

Utilizando o mesmo raciocínio, podemos tentar responder à seguinte pergunta: Quantos centésimos há em uma unidade?

Se dividirmos a unidade em 100 partes iguais, cada uma das partes representará um centésimo da unidade. Podemos também dizer que 100 centésimos é igual a 1 ou que 10 décimos contêm 100 centésimos.

$$100 \cdot \frac{1}{100} = 100 \cdot 0{,}01 = 1$$

Ou seja:

$$\blacksquare = \frac{1}{100} = 0{,}01$$

Do mesmo modo, se dividirmos a unidade em 1 000 partes iguais, em 10 000 partes iguais e assim por diante, obteremos as frações e os números decimais correspondentes:

$$\frac{1}{1\,000} = 0{,}001 \qquad \frac{1}{10\,000} = 0{,}0001 \qquad \frac{1}{100\,000} = 0{,}00001$$

Seguindo o mesmo raciocínio, podemos indicar outros exemplos: escrevemos "cinco décimos" como 0,5; "trinta e quatro centésimos" como 0,34; "oitocentos e quatro milésimos" como 0,804.

Observe que a vírgula tem o papel de separar a parte inteira da parte decimal. Assim, se queremos representar "oito inteiros e trinta e cinco centésimos", escrevemos 8,35.

É válido também destacar que, como você viu, no caso dos números naturais, os algarismos que compõem um número decimal também têm um valor posicional. O Quadro 3.2 a seguir traz alguns exemplos.

Quadro 3.2 – Exemplos de valores posicionais dos números decimais

Número	Parte inteira				,	Parte decimal		
	UM	C	D	U	,	d	c	m
0,33				0	,	3	3	
2,458				2	,	4	5	8
13,38			1	3	,	3	8	
45,3			4	5	,	3		
324,156		3	2	4	,	1	5	6
36,908			3	6	,	9	0	8
4 356,78	4	3	5	6	,	7	8	
33,99			3	3	,	9	9	
5 892,439	5	8	9	2	,	4	3	9

Legenda: UM = unidade de milhar; C = centena; D = dezena; U = unidade; d = décimo; c = centésimo; m = milésimo.

3.5.2 Soma e subtração de números decimais

A soma e a subtração de dois ou mais números decimais são realizadas seguindo-se o mesmo algoritmo utilizado na soma e na subtração, respectivamente, dos números naturais. Entretanto, devemos tomar o cuidado em considerar o valor posicional dos números decimais de forma correta, **colocando sempre vírgula embaixo de vírgula**.

Como exemplo, vamos somar 43,45 e 2,986.

Centenas	Dezenas	Unidades	Décimos	Centésimos	Milésimos
	4	3 ,	4	5	0
		2 ,	9	8	6
	4	6 ,	4	3	6

Observe que completamos com **zeros** as casas à direita que ficaram em branco. Em seguida, realizamos a soma, como se estivéssemos trabalhando com números naturais.

Vejamos outro exemplo.

Vamos subtrair 0,052 de 7,2.

Centenas	Dezenas	Unidades	Décimos	Centésimos	Milésimos
		7 ,	2	0	0
		0 ,	0	5	2
		7 ,	1	4	8

Novamente, completamos com zeros as casas à direita que ficaram em branco. Em seguida, realizamos a subtração, como se estivéssemos trabalhando com números naturais.

3.5.3 Multiplicação de números decimais

Já estudamos a multiplicação dos números naturais. Agora, vamos aprender a multiplicar os números que, além da parte inteira, apresentam uma parte fracionária.

- **Primeiro caso**: Multiplicação por 10, por 100, por 1 000 etc.

    Note o que acontece quando multiplicamos um número decimal por 10, por 100 ou por 1 000:

$$3{,}543 \cdot 10 = \frac{3\,543}{1\,000} \cdot 10 = \frac{3\,543}{100} = 35{,}43$$

Teoria dos números e teoria dos conjuntos

$$3{,}543 \cdot 100 = \frac{3\,543}{1\,000} \cdot 100 = \frac{3\,543}{10} = 354{,}3$$

$$3{,}543 \cdot 1\,000 = \frac{3\,543}{1\,000} \cdot 1\,000 = \frac{3\,543}{1} = 3\,543$$

Observe que a vírgula é deslocada para a direita tantas posições quantos são os algarismos zero. Assim, podemos estabelecer a regra a seguir.

Regra!

Quando multiplicamos um número decimal por 10, por 100, por 1 000 etc., devemos deslocar a vírgula para a direita o mesmo número de casas que houver de zeros.

Repare que pode ocorrer a necessidade de completar o número com zeros, como no exemplo a seguir:

$$47{,}52 \cdot 1\,000 = 47{,}520 \cdot 1\,000 = \frac{47\,520}{1\,000} \cdot 1\,000 = \frac{47\,520}{1} = 47\,520$$

- **Segundo caso**: Multiplicação de um número natural por um número decimal.

Como exemplo, suponhamos o exercício apresentado a seguir.

> Queremos comprar 5 réguas. Cada régua custa R$ 1,73. Quanto pagarei pela compra?
>
> $$1{,}73 \cdot 5 = \frac{173}{100} \cdot 5 = \frac{173 \cdot 5}{100} = \frac{865}{100} = 8{,}65$$
>
> Outra forma de fazer o cálculo seria somar 1,73 + 1,73 + 1,73 + 1,73 + 1,73 = 8,65.
> Como devemos proceder para realizar essa multiplicação de uma maneira mais fácil?
>
> 1,73 ⟶ duas casas decimais
> × 5
> ─────
> 8,65 ⟶ duas casas decimais
>
> Perceba que o resultado apresenta o mesmo número de casas decimais do número decimal que está sendo multiplicado.

Analisemos, a seguir, mais um exemplo.

A altura de Alberto é de 1,8 metro. Calcule o triplo da altura de Alberto.

$$1,8 \cdot 3 = \frac{18}{10} \cdot 3 = \frac{18 \cdot 3}{10} = \frac{54}{10} = 5,4$$

ou

$1,8 + 1,8 + 1,8 = 5,4$

1,8 ⟶ uma casa decimal
× 3
―――
5,4 ⟶ uma casa decimal

Assim, podemos estabelecer a regra indicada a seguir.

Regra!

Para a multiplicação de um número natural por um número decimal, multiplicamos normalmente, como se estivéssemos multiplicando dois números naturais. No resultado, colocamos a vírgula de modo que tenhamos a mesma quantidade de casas decimais do número decimal multiplicado.

- **Terceiro caso**: Multiplicação de dois números decimais.

Como exemplo, suponhamos que desejamos multiplicar 5,63 por 1,4.

$$5,63 \cdot 1,4 = \frac{563}{100} \cdot \frac{14}{10} = \frac{563 \cdot 14}{100 \cdot 10} = \frac{7\,882}{1\,000} = 7,882$$

1,73 ⟶ duas casas decimais
× 1,4 ⟶ uma casa decimal
―――――
7,882 ⟶ três casas decimais

Vamos, agora, multiplicar 3,62 por 0,003.

$$3,62 \cdot 0,003 = \frac{362}{100} \cdot \frac{3}{1\,000} = \frac{362 \cdot 3}{100 \cdot 1\,000} = \frac{1\,086}{100\,000} = 0,01086$$

3,62 ⟶ duas casas decimais
× 0,003 ⟶ três casas decimais
―――――――
0,01086 ⟶ cinco casas decimais

Assim, podemos estabelecer a regra indicada a seguir.

> **Regra!**
>
> Para a multiplicação de dois números decimais, multiplicamos os fatores normalmente, como se estivéssemos multiplicando números naturais. Somamos o número de casas decimais dos fatores que estão sendo multiplicados e colocamos a vírgula no resultado de modo que a quantidade de casas seja igual a essa soma.

3.5.4 Divisão de números decimais

Nós já estudamos a divisão dos números naturais. Agora, vamos aprender a dividir os números que, além da parte inteira, apresentam uma parte fracionária.

- **Primeiro caso**: Divisão por 10, por 100, por 1 000 etc.

Note o que acontece quando dividimos um número decimal por 10, por 100 ou por 1 000:

$$235{,}9 \div 10 = \frac{2\,359}{10} \cdot \frac{1}{10} = \frac{2\,359 \cdot 1}{10 \cdot 10} = \frac{2\,359}{100} = 23{,}59$$

Perceba que a vírgula foi deslocada uma casa para a esquerda.

Agora vamos dividir o mesmo número por 100.

$$235{,}9 \div 100 = \frac{2\,359}{10} \cdot \frac{1}{100} = \frac{2\,359 \cdot 1}{10 \cdot 100} = \frac{2\,359}{1\,000} = 2{,}359$$

Note que a vírgula foi deslocada duas casas para a esquerda.

Como último exemplo, vamos dividir o mesmo número por 1 000.

$$235{,}9 \div 1\,000 = \frac{2\,359}{10} \cdot \frac{1}{1\,000} = \frac{2\,359 \cdot 1}{10 \cdot 1\,000} = \frac{2\,359}{10\,000} = 0{,}2359$$

Nesse caso, a vírgula foi deslocada três casas para a esquerda.

Nesse tipo de operação pode ocorrer a necessidade de incluir zeros no resultado, como no seguinte exemplo:

$$47{,}52 \div 1\,000 = \frac{4\,752}{100} \cdot \frac{1}{1\,000} = \frac{4\,752 \cdot 1}{100 \cdot 1\,000} = \frac{4\,752}{100\,000} = 0{,}04752$$

Note que a vírgula foi deslocada três casas para a esquerda. Para que isso fosse possível, foi necessário inserir dois zeros à esquerda do número.

Tomando como base os resultados dos exemplos anteriores, podemos estabelecer a regra indicada a seguir.

Regra!

Quando dividimos um número decimal por 10, por 100, por 1 000 etc., devemos deslocar a vírgula para a esquerda o mesmo número de casas que houver de zeros.

- **Segundo caso**: Divisão de um número decimal por um número natural.

  Vamos observar a seguinte divisão:

  $5,12 \div 4 =$

unidades	décimos	centésimos	
5,	1	2	4
1	1		1,28
	3	2	
		0	

  Veja que temos 5 unidades divididas por 4, o que é igual a 1 e sobra 1 unidade. Transformamos essa unidade que sobrou em 10 décimos. Temos agora 11 décimos.
  Em seguida, devemos colocar a vírgula no quociente, pois passamos a trabalhar com os algarismos após a vírgula.
  Assim, temos 11 décimos divididos por 4, o que é igual a 2 e sobram 3. Transformamos os 3 décimos em 30 centésimos. Temos agora 32 centésimos. Devemos, então, dividir 32 centésimos por 4, o que é igual a 8 e não sobra resto.

- **Terceiro caso**: Divisão de um número decimal por outro número decimal.

  Vamos verificar o terceiro caso analisando um exemplo.

  Um eletricista tem 9,6 metros de um fio de cobre e precisa cortá-lo em pedaços de 0,06 metro cada. Quantos pedaços ele obterá?
  Fazendo a divisão 9,6 ÷ 0,06, temos que:

  $$9,6 \div 0,06 = \frac{96}{10} \div \frac{6}{100} = \frac{96}{10} \cdot \frac{100}{6} = \frac{96 \cdot 100}{10 \cdot 6} = \frac{9\,600}{60} = \frac{960}{6} = 160 \text{ pedaços}$$

Dessa forma, quando estamos dividindo números decimais, podemos multiplicá-los por 10, por 100, por 1 000 etc., conforme a conveniência, a fim de eliminarmos as vírgulas e obtermos a divisão de dois números naturais.

Regra!

Para dividirmos um número decimal por outro número decimal, devemos igualar o número de casas após a vírgula, preenchendo com zeros, e retirar as vírgulas. Depois, fazemos a divisão como se fossem números naturais.

Note que essa regra se aplica também aos casos em que a divisão é de um número decimal por um número inteiro (segundo caso).

3.5.5 Potenciação de números decimais

A definição de potência que estudamos nos números naturais também se aplica aos números decimais.

Exemplos:

a) $(1,3)^3 = 1,3 \cdot 1,3 \cdot 1,3 = 2,197$
b) $(-0,5)^4 = (-0,5) \cdot (-0,5) \cdot (-0,5) \cdot (-0,5) = 0,0625$
c) $(-0,8)^3 = (-0,8) \cdot (-0,8) \cdot (-0,8) = -0,512$

Você deve ter observado que a **regra dos sinais** é a mesma que já estudamos nos números naturais. Assim, quando tivermos um número negativo elevado a um expoente par, o resultado será positivo. Entretanto, quando tivermos um número negativo elevado a um expoente ímpar, o resultado será negativo.

3.5.6 Potências de 10

As potências de 10 têm larga aplicação nos diversos campos das ciências.

Exemplos:

a) $10^3 = 1\ 000$
b) $5 \cdot 10^2 = 5 \cdot 100 = 500$
c) $38\ 000 = 3,8 \cdot 10^4$
d) $0,1 = \dfrac{1}{10} = 10^{-1}$
e) $0,01 = \dfrac{1}{100} = 10^{-2}$
f) $0,001 = \dfrac{1}{1\ 000} = 10^{-3}$
g) $0,0045 = \dfrac{45}{1\ 000} = \dfrac{45}{10^3} = 4,5 \cdot 10^{-3}$
h) $5 \cdot 10^{-4} = 0,0005$

> **Regra!**
>
> O expoente positivo da base 10 representa a quantidade de casas que a vírgula é deslocada para a direita, e o expoente negativo da base 10 representa a quantidade de casas que a vírgula é deslocada para a esquerda.

Exemplo:

0,02 · 0,003 · 4.000.000 = (2 · 10^{-2}) · (3 · 10^{-3}) · (4 · 10^6) = 24 · 10^1 = 240

3.5.7 Dízima periódica

Dízima periódica é um número decimal que apresenta uma série infinita de algarismos. A partir de certo algarismo, há uma repetição de um ou mais algarismos, ordenados sempre da mesma forma, ao que chamamos de *período*. Dizemos que as dízimas são divisões que não terminam nunca. Por exemplo, vamos dividir 2 por 3.

$\frac{2}{3}$ ou 2 ÷ 3 = 0,6666...

Os três pontos no final do resultado indicam que a divisão não termina nunca. O número 0,6666... é chamado de *dízima periódica*.

Nesse exemplo, o período é 6, que costumamos representar por 0,$\overline{6}$. Assim, $\frac{2}{3}$ = 0,$\overline{6}$.

Agora vamos procurar o resultado da seguinte divisão:

$\frac{17}{7}$ ou 17 ÷ 7 = 2,428571428571428571...

Nesse exemplo, o período é 428571, que costumamos representar por $\overline{428571}$. Assim:

$\frac{17}{7}$ = 2,$\overline{428571}$

3.6 Conjunto dos números complexos (C)

O conjunto dos números complexos (C) refere-se aos números que não são reais. São as raízes de índice par de números negativos.

O conjunto dos números complexos é constituído por todos os números na forma **(a + b · i)**, em que **a** e **b** são números reais e **i** = $\sqrt{-1}$. Portanto, o conjunto dos números reais é um subconjunto dos números complexos. Representamos por **C ⊃ R**.

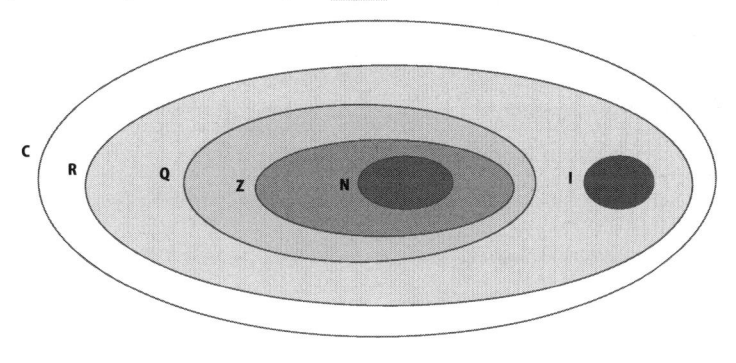

Síntese

Ao estudar os conjuntos numéricos, você se deparou com as diversas classificações dos números: naturais, inteiros, racionais, irracionais, reais e complexos. Para cada tipo de conjunto, demonstramos como resolver os diversos tipos de operações, com ênfase na regra de sinais. Também examinamos todas as possíveis operações com frações, com especial atenção às potências de 10.

Questões para revisão

1. Efetue as seguintes somas:

    a) 245 + 324

    b) 756 + 345

    c) 35 + 719

    d) 1 456 + 380

    e) 2 367 + 1 479

    f) 2 + (7 + 12)

    g) (3 + 6) + 8

    h) 4 567 + 0

    i) 0 + 897

    j) 456 + 387 + 0 + 2 347

2. Efetue as seguintes subtrações:

    a) 96 − 15

    b) 417 − 104

    c) 2 308 − 674 − 35

    d) 1 494 − 398 − 456

    e) 777 − 444 − 333

3. Efetue as seguintes multiplicações:

    a) 2 · (3 + 1)

    b) 5 · (4 + 0)

    c) (5 + 2) · 3

    d) 9 · (1 + 0)

    e) 1 · (3 + 7)

    f) 226 · 12

    g) 53 · 32

    h) 996 · 37

i) $9\,312 \cdot 335$

j) $1\,234 \cdot 478$

4. Efetue as seguintes divisões:

   a) $435 \div 5$

   b) $462 \div 22$

   c) $3\,366 \div 6$

   d) $2\,535 \div 39$

   e) $2\,961 \div 3$

5. Efetue as seguintes potenciações:

   a) 2^5

   b) 78^1

   c) 348^0

   d) $1^3 \cdot (34 + 7)^0$

   e) $(3^2)^3 \cdot (3 \cdot 2)^3$

6. Efetue as seguintes radiciações:

   a) $\sqrt[3]{125}$

   b) $\sqrt[5]{32}$

   c) $\sqrt[4]{81}$

   d) $\sqrt[3]{216}$

   e) $\sqrt{10\,000}$

7. Efetue as seguintes operações com raízes:

   a) $5\sqrt{11} + 2\sqrt{11}$

   b) $8\sqrt[4]{5} \cdot \sqrt[4]{5}$

   c) $\dfrac{30}{6} \cdot \dfrac{\sqrt[5]{24}}{\sqrt[5]{6}}$

   d) $\sqrt[3]{\sqrt[4]{23}}$

   e) $\left(\sqrt[5]{8}\right)^5$

Teoria dos números e teoria dos conjuntos

8. Efetue as seguintes operações, aplicando a regra dos sinais:

    a) $635 \cdot (-16)$

    b) $(-24) \cdot 32$

    c) $(-64) \cdot (-10)$

    d) $(+13) \cdot (+11)$

    e) $(-52) \cdot (+125)$

    f) $(+9\,504) \div (-22)$

    g) $(-18\,315) \div (+33)$

    h) $(-101\,088) \div (-234)$

    i) $(-77\,077) \div (+1\,001)$

    j) $(+4\,356) \div (+66)$

    k) $(-3)^2 \cdot (-3)^3$

    l) $(-2)^4$

    m) $-(2)^5$

    n) $[(-2)^2 \cdot 4]^3$

    o) $(-3)^1 \cdot (1)^3$

9. Efetue as seguintes radiciações:

    a) $\sqrt{-256}$

    b) $\sqrt[3]{-8}$

    c) $\sqrt[5]{-243}$

    d) $\sqrt{-196}$

    e) $\sqrt{196}$

10. Resolva os seguintes problemas envolvendo frações:

    a) Gustavo resolveu dar a Marcos $\frac{5}{9}$ dos 27 DVDs que possuía. Com quantos DVDs Gustavo ficou?

    b) Das 30 bolinhas de gude que possuía, Lucas perdeu $\frac{2}{5}$ para Rogério. Quantas bolinhas Rogério ganhou de Lucas?

    c) Raquel levou para Jane 5 metros de tecido para que esta fizesse um vestido. Jane falou que iria utilizar apenas $\frac{1}{4}$ desse total. Quantos metros de tecido sobraram?

    d) Em uma noite, Paulo contou 20 piadas para Eduardo, das quais apenas $\frac{1}{10}$ teve graça. Quantas piadas não foram engraçadas?

e) Rosemeri recebeu 20 chamadas telefônicas em um dia, das quais $\frac{2}{5}$ não foram atendidas. Qual o número de chamadas telefônicas que Rosemeri atendeu?

11. Determine a forma irredutível das frações:

   a) $\frac{7}{21}$

   b) $\frac{4}{10}$

   c) $\frac{18}{3}$

   d) $\frac{100}{30}$

   e) $\frac{18}{30}$

12. Calcule o mínimo múltiplo comum (MMC) de:

   a) 4, 12 e 24.

   b) 3, 12 e 36.

   c) 5, 20 e 30.

   d) 2, 8 e 32.

   e) 20, 40, 60 e 120.

13. Efetue as operações:

   a) $\frac{2}{3}+\frac{1}{8}$

   b) $\frac{2}{5}-\frac{3}{4}$

   c) $\frac{1}{5}+\frac{1}{2}+\frac{1}{8}$

   d) $-\frac{3}{8}+\frac{2}{3}-\frac{1}{8}$

   e) $\frac{2}{3}-\frac{4}{5}-\frac{1}{4}$

   f) Transforme a fração $\frac{27}{4}$ em um número misto.

g) Transforme a fração $\dfrac{28}{5}$ em um número misto.

h) Transforme o número $8\dfrac{1}{3}$ em um número fracionário.

i) Transforme o número $4\dfrac{2}{7}$ em um número fracionário.

j) Transforme o número $5\dfrac{1}{6}$ em um número fracionário.

14. Multiplique as frações:

a) $\dfrac{1}{5} \cdot \dfrac{3}{4}$

b) $2 \cdot \dfrac{1}{5} \cdot \dfrac{3}{5}$

c) $\dfrac{(-3)}{4} \cdot \dfrac{(-4)}{5}$

d) $\dfrac{1}{3} \cdot \dfrac{(-3)}{5} \cdot (-2)$

e) $\dfrac{(-3)}{4} \cdot 3 \cdot \dfrac{(-1)}{2}$

15. Divida as frações:

a) $\dfrac{3}{7} \div \dfrac{1}{7}$

b) $\dfrac{(-2)}{5} \div \dfrac{1}{3}$

c) $\dfrac{(-5)}{6} \div \dfrac{2}{(-5)}$

d) $\dfrac{5}{8} \div 5$

e) $\dfrac{5}{8} \div (-4)$

16. Determine o máximo divisor comum (MDC) dos seguintes números:

    a) 4, 32 e 8.

    b) 90 e 15.

    c) 5 e 30.

    d) 18, 36 e 54.

    e) 20, 30 e 60.

17. Calcule:

    a) $\left(\dfrac{2}{3}\right)^4 \cdot \left(\dfrac{2}{3}\right)^3$

    b) $\left[\dfrac{(-3)}{2}\right]^5$

    c) $\left(\dfrac{2}{3}\right)^{-4}$

18. Racionalize as frações:

    a) $\dfrac{8}{\sqrt[5]{60}}$

    b) $\dfrac{1}{\sqrt{17}-\sqrt{13}}$

19. Reduza ao máximo as seguintes expressões:

    a) $5\sqrt{5} - 3\sqrt[3]{3} - 2\sqrt{5} + \sqrt[3]{3}$

    b) $\sqrt[3]{7} - 2\sqrt[3]{7}$

    c) $\sqrt[5]{7} - (-2\sqrt[5]{7} + 3\sqrt[5]{7})$

    d) $8\sqrt[4]{9} + 3\sqrt[4]{9} - 4\sqrt[3]{9} + \sqrt[3]{9}$

    e) $-2\sqrt[3]{4} - (-3\sqrt[3]{4})$

20. Reduza ao máximo as seguintes expressões:

    a) $\sqrt{5} \cdot \sqrt{5}$

    b) $\sqrt[3]{4} \cdot \sqrt[3]{16}$

    c) $4\sqrt[3]{6} \cdot (2\sqrt[3]{9} \div \sqrt[3]{3})$

Teoria dos números e teoria dos conjuntos

d) $16\sqrt{32} \div 4\sqrt{8}$

e) $-9\sqrt[3]{64} \cdot \sqrt[3]{16}$

f) $13,69 - 5,1$

g) $643,41 + 0,0013$

h) $-375,12 + (-15,786)$

i) $-1,2144 - (-0,00065)$

j) $136,150 + 23$

k) $12,39 \cdot 3,6$

l) $643,41 \cdot 1\,000$

m) $-0,2353 \cdot (-100)$

n) $1,2324 \cdot (-4)$

o) $1,36 \cdot 2,3$

p) $243,5 \div 10$

q) $32,16 \div 6$

r) $-297,7 \div 6,5$

s) $32,4 \div (-4)$

t) $360,1 \div 100$

u) $(2,5)^4 \div (2,5)^2$

v) $(1,6 \cdot 2,3)^2$

w) $(0,02)^2 \cdot 10^4$

x) $(2 \cdot 10^3) \cdot (5 \cdot 10^2)$

y) $(2,13)^2$

21. Represente os números a seguir em potências de 10:

a) 0,0348

b) 940 000

c) 0,00123

d) 0,000055

e) 0,6532

4

Reta numérica

Conteúdos do capítulo:

- Representação de um número real em uma reta real.
- Intervalos: representação geométrica.
- Intervalos: representação algébrica.
- Operações com intervalos.

Após o estudo deste capítulo, você será capaz de:

1. representar qualquer número real em uma reta real;
2. representar geometricamente os diversos tipos de intervalos;
3. representar algebricamente os diversos tipos de intervalos;
4. realizar operações com intervalos.

Os números reais podem ser representados por meio de uma reta real. Sobre essa reta, marca-se um ponto denominado *origem*, o qual representa o número zero. Os números representados à direita do zero são positivos, e os representados à sua esquerda são negativos.

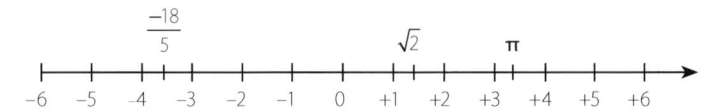

$$\begin{array}{c} \frac{-18}{5} \quad\quad\quad \sqrt{2} \quad \pi \\ \leftarrow\!\!\!+\!\!+\!\!+\!\!+\!\!+\!\!+\!\!+\!\!+\!\!+\!\!+\!\!+\!\!+\!\!+\!\!\rightarrow \\ -6 \; -5 \; -4 \; -3 \; -2 \; -1 \; 0 \; +1 \; +2 \; +3 \; +4 \; +5 \; +6 \end{array}$$

Um número é maior do que outro quando aquele está à direita deste. Por exemplo, +6 é maior que +2, o que representamos como +6 > +2. Um número é menor que outro quando aquele está à esquerda deste. Por exemplo, −4 e menor que −1, o que representamos por −4 < −1.

Além do sinal **>**, que significa "maior que", e do sinal **<**, que significa "menor que", temos o sinal **≥**, que significa "maior ou igual", e o sinal **≤**, que significa "menor ou igual que".

4.1 Intervalos

Alguns subconjuntos de R são importantes no estudo dos conjuntos numéricos: os chamados *intervalos*.

Sejam **a** e **b** dois números reais tais que **a** < **b**, chama-se *intervalo entre* **a** *e* **b** o conjunto de todos os números reais desde **a** até **b**, sendo **a** e **b** os extremos do intervalo.

Assim, podemos classificar os seguintes tipos de intervalos:

- **Intervalo fechado** entre **a** e **b** é o conjunto de todos os números reais compreendidos entre **a** e **b**, inclusive **a** e inclusive **b**. Geometricamente, o intervalo pode ser representado da seguinte maneira:

Algebricamente, temos: $\{x \in R \mid a \leq x \leq b\}$ ou $[a, b]$.

- **Intervalo aberto** entre **a** e **b** é o conjunto de todos os números reais compreendidos entre **a** e **b**, exclusive **a** e exclusive **b**. Geometricamente, o intervalo pode ser representado da seguinte maneira:

Algebricamente, temos: $\{x \in R \mid a < x < b\}$ ou $]a, b[$.

- **Intervalo aberto à direita e fechado à esquerda (ou semiaberto à direita)** é aquele em que $a \leq x < b$. Representamos por [a, b[. Geometricamente, o intervalo pode ser representado da seguinte maneira:

Algebricamente, temos: $\{x \in R \mid a \leq x < b\}$ ou [a, b[.

- **Intervalo fechado à direita e aberto à esquerda (ou semiaberto à esquerda)** é aquele em que $a < x \leq b$. Representamos por]a, b]. Geometricamente, o intervalo pode ser representado da seguinte maneira:

Algebricamente, temos: $\{x \in R \mid a < x < b\}$ ou]a, b].

- **Intervalo infinito** é aquele em que algum dos extremos se torna infinito. O intervalo é sempre aberto em relação ao extremo infinito. O intervalo]−∞, +∞[representa todos os números reais. Quando não se define um dos extremos do intervalo, ou os dois extremos, consideramos o intervalo como infinito.

Geometricamente, o intervalo infinito pode ser representado das seguintes maneiras:

Algebricamente, temos: $\{x \in R \mid x \geq a\}$.

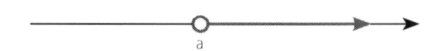

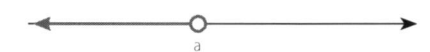

Algebricamente, temos: $\{x \in R \mid x > a\}$.

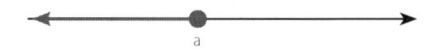

Algebricamente, temos: $\{x \in R \mid x \leq a\}$.

Algebricamente, temos: $\{x \in R \mid x < a\}$.

Nas representações geométricas, as bolinhas vazias significam que os valores informados junto a elas não fazem parte do intervalo. As bolinhas cheias, entretanto, indicam que os valores pertencem ao intervalo.

Observe que o conjunto dos números reais é um intervalo infinito: $R =]-\infty, +\infty[$.

Vejamos alguns exemplos.

1. Dados os conjuntos $A = \{x \in R \mid 2 < x < 5\}$ e $B = \{x \in R \mid 3 \leq x < 8\}$, escreva:

   a) $A \cap B$

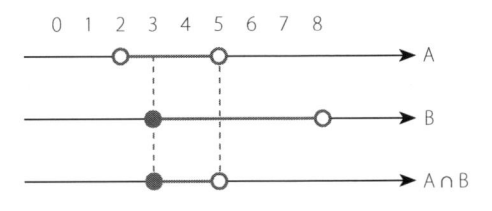

   $A \cap B = \{x \in R \mid 3 \leq x < 5\}$ ou $[3, 5[$

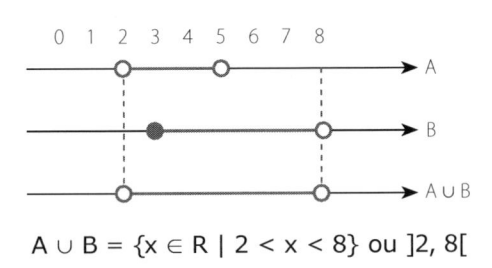

   b) $A \cup B$

   $A \cup B = \{x \in R \mid 2 < x < 8\}$ ou $]2, 8[$

2. Dados os conjuntos $W = \{x \in R \mid x \leq 5\}$ e $Z = \{x \in R \mid x > 2\}$, escreva:

   a) $Y = W \cap Z$

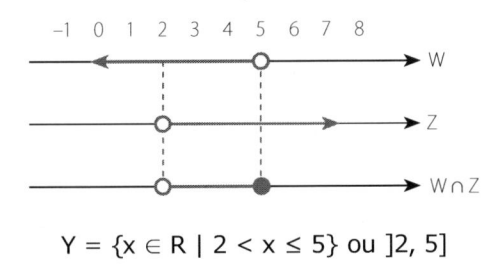

   $Y = \{x \in R \mid 2 < x \leq 5\}$ ou $]2, 5]$

3. Dados $A = [0, 4]$ e $B = [2, 6[$, determine $A \cup B$ e $A \cap B$.

Teoria dos números e teoria dos conjuntos

$A \cup B = \{x \in R \mid 0 \leq x < 6\}$

$A \cap B = \{x \in R \mid 2 \leq x \leq 4\}$

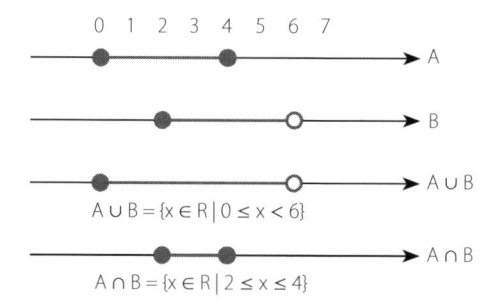

4. Dados A =]–3, 5] e B =]–2, 4[, determine A ∪ B e A ∩ B.

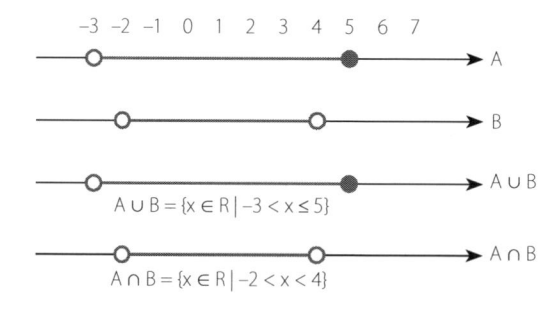

$A \cup B = \{x \in R \mid -3 < x \leq 5\}$

$A \cap B = \{x \in R \mid -2 < x < 4\}$

Síntese

Os números reais podem ser representados por meio de uma reta real. Alguns subconjuntos de R são importantes no estudo dos conjuntos numéricos: os chamados *intervalos*. Um intervalo pode ser aberto, fechado, semiaberto à direita, semiaberto à esquerda ou infinito. Todas as definições que apresentamos na teoria dos conjuntos ou nos conjuntos numéricos são válidas para a análise das operações com intervalos.

Questões para revisão

1. Preencha as lacunas com o sinal de <, > ou =:

   a) $(3 + 6)^0$ _____ +1

   b) π _____ 3

   c) $\sqrt{2}$ _____ +1

   d) –5 _____ $-\dfrac{3}{5}$

   e) $+\dfrac{1}{2}$ _____ $\sqrt{2}$

2. Dados A = [2, 9] e B =]2, 10], determine A ∪ B e A ∩ B.

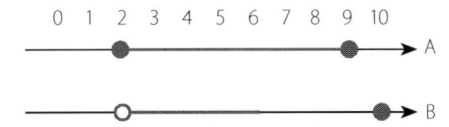

3. Dados A =]–3, 3[e B =]–2, 4], determine A ∪ B e A ∩ B.

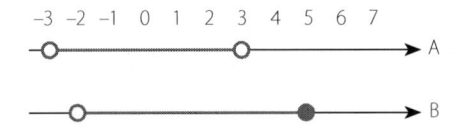

4. Dados A =]0, 7[e B = [–2, 7], determine A ∪ B e A ∩ B.

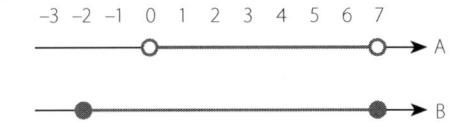

5

Construção de gráficos

Conteúdos do capítulo:

- Par de eixos cartesianos.
- Par ordenado.
- Produto cartesiano.
- Gráfico de colunas.

Após o estudo deste capítulo, você será capaz de:

1. representar um par de eixos cartesianos;
2. representar um par ordenado;
3. realizar um produto cartesiano;
4. elaborar um gráfico de colunas.

Uma das aplicações da reta numérica é a construção de gráficos no plano. Para tal, traçamos duas retas numéricas perpendiculares. No encontro dessas retas, marcamos o ponto 0 (zero), também chamado de *origem*. É usual convencionar que, à direita e acima do ponto zero, os pontos sobre a reta são positivos e, à esquerda e abaixo do ponto zero, os pontos sobre a reta são negativos.

A essas duas retas perpendiculares no plano chamamos **par de eixos cartesianos**. Esse nome foi dado em homenagem a René Descartes[1], que definiu o plano cartesiano no intuito de localizar pontos num determinado espaço desse plano.

Veja a representação do plano cartesiano:

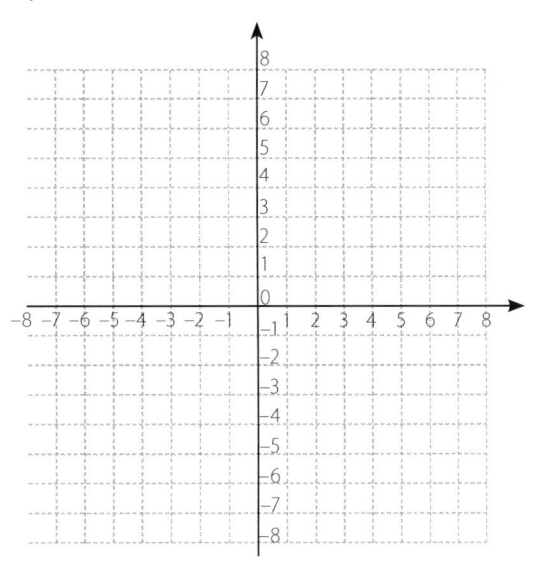

O eixo horizontal é chamado de *eixo das abscissas* ou *eixo x*, e o eixo vertical é chamado de *eixo das ordenadas* ou *eixo y*.

Cada ponto no plano cartesiano é formado por um **par ordenado (x, y)**, em que **x** é a abscissa e **y** é a ordenada do ponto.

A disposição dos eixos x e y no plano determina quatro quadrantes, assim definidos:

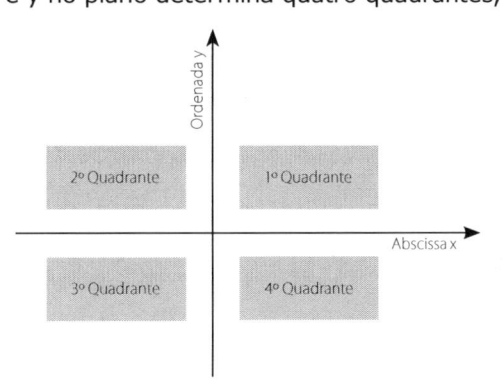

---

1 Matemático, físico e filósofo francês, nasceu em 31 de março de 1596 e faleceu em 11 de fevereiro de 1650. É considerado o fundador da filosofia moderna. René Descartes sugeriu a fusão da álgebra com a geometria, dando origem à geometria analítica e ao sistema de coordenadas cartesianas.

Teoria dos números e teoria dos conjuntos

5.1 Par ordenado

Se **a** ∈ **A** e **b** ∈ **B**, o ponto P, de coordenadas **a** e **b**, constitui um par ordenado que representamos por **(a, b)**. Contudo, observe que **(a, b)** é diferente de **(b, a)**.

Seja o sistema de coordenadas cartesianas e os pontos P_1 e P_2, sendo que P_1 tem coordenadas (2, 4) e P_2 tem coordenadas (4, 2), vamos representá-los graficamente.

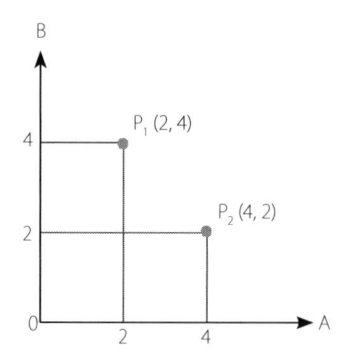

Juntando agora os conceitos de par de eixos cartesianos e par ordenado, veja como são localizados no plano cartesiano os seguintes pontos:

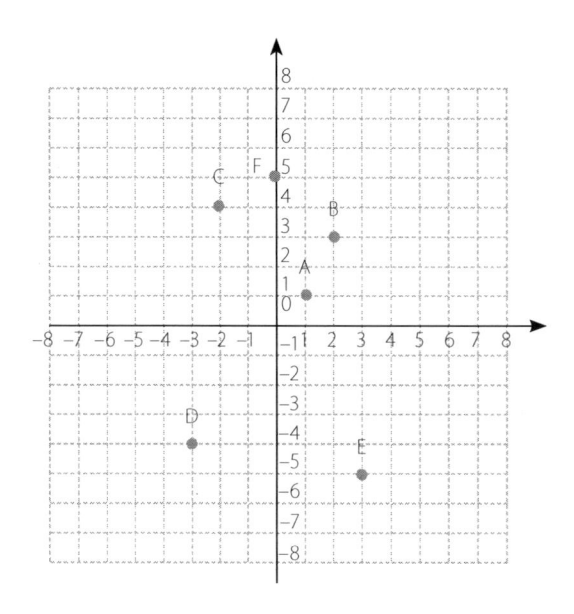

A (1, 1); B (2, 3); C (−2, 4); D (−3, −4); E (3, −5); F (0, 5)

5.2 Produto cartesiano

Como regra geral, se A tem **m** elementos e se B tem **n** elementos, então o produto cartesiano **A × B** terá **m × n** pares ordenados. Representamos por A × B = {(a, b) | a ∈ A e b ∈ B}.

Seja o conjunto A = {0, 2, 4} e o conjunto B = {1, 3}, temos os seguintes pares ordenados:

A × B = {(0, 1), (0, 3), (2, 1), (2, 3), (4, 1), (4, 3)}

5.3 Gráfico de colunas

Entre os muitos tipos de gráficos que você aprenderá a fazer, destacamos aqui o gráfico de colunas, que nos permite representar, com clareza, muitas situações do nosso dia a dia.

Assim, começaremos analisando a situação descrita a seguir.

O sr. Fernando, dono de uma revenda de veículos usados, vendeu, no primeiro semestre de determinado ano, as seguintes quantidades de veículos:

Mês	Quantidade vendida
Janeiro	25
Fevereiro	30
Março	22
Abril	15
Maio	20
Junho	18

Como fazer para representar esses dados em um gráfico de colunas?

O primeiro passo é traçar um par de eixos cartesianos, lembrando que no ponto de encontro dos eixos temos o ponto zero.

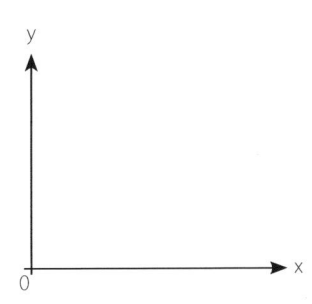

O segundo passo é determinar qual grandeza queremos representar no eixo vertical e qual grandeza queremos representar no eixo horizontal. Nesse caso, vamos representar, no eixo vertical, a quantidade de veículos vendidos mês a mês e, no eixo horizontal, os meses de janeiro a junho.

Teoria dos números e teoria dos conjuntos

Para essa representação, você deve dividir cada eixo em segmentos de mesmo tamanho, por exemplo, segmentos de 0,5 centímetro, tanto na horizontal quanto na vertical.

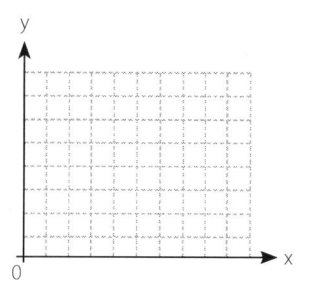

O terceiro passo é, a partir de cada ponto assinalado nos eixos, traçar retas paralelas (pontilhadas), para uma melhor visualização do gráfico a ser desenhado. Atribua valores aos pontos que você assinalou nos eixos. Nesse exemplo, para cada ponto do eixo y podemos atribuir o valor 2. No eixo x, podemos convencionar que para cada mês utilizaremos duas colunas e deixaremos entre cada mês e o mês seguinte duas colunas em branco.

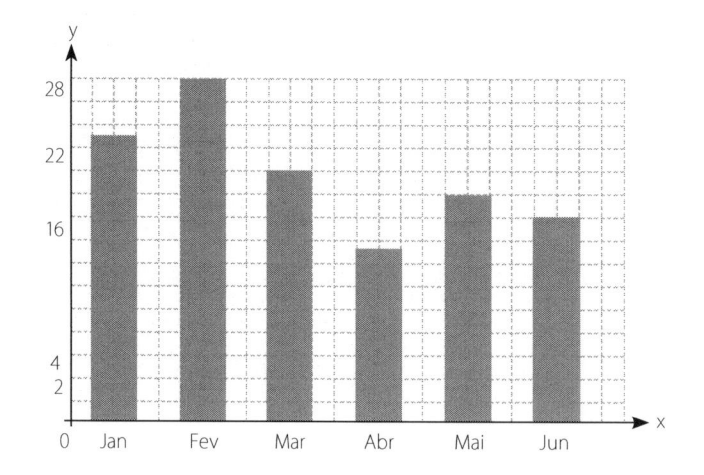

Observe como o sr. Fernando, pelo gráfico, tem uma excelente noção dos meses em que as vendas são melhores e dos meses em que as vendas são piores.

Você pode, por exemplo, colocar em um gráfico de colunas o número de horas que você dedica diariamente ao trabalho, aos estudos ou ao lazer. Pode, até mesmo, fazer a representação de todos esses itens simultaneamente em um mesmo gráfico, utilizando, para isso, cores diferentes para as colunas, o que facilitará sua visualização.

Suponhamos, então, que você representará com a cor branca suas horas diárias de trabalho, com a cor cinza as horas diárias dedicadas ao estudo e com a cor preta as horas diárias destinadas ao lazer, de segunda a sábado.

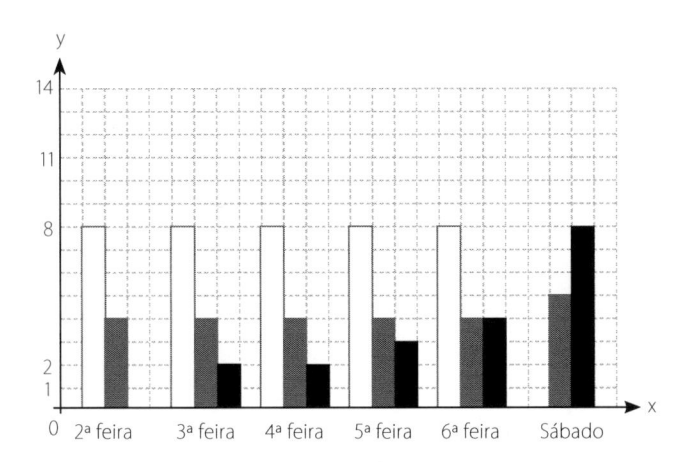

Lembre-se de que seu dia tem 24 horas e você representou em cada linha do eixo y o valor equivalente a uma hora. No eixo x, você representou os dias da semana, de segunda-feira a sábado. Podemos perceber uma série de informações nesse gráfico. Por exemplo, você trabalha de segunda a sexta-feira, oito horas por dia; às segundas-feiras, você não tem períodos de lazer; aos sábados, você não trabalha, então dedica bastante tempo ao lazer.

Síntese

Em um par de eixos cartesianos, podemos representar qualquer número real em um plano. Cada ponto no plano cartesiano é formado por um par ordenado (x, y), em que **x** é a abscissa e **y** é a ordenada do ponto. Como regra geral, se A tem **m** elementos e B tem **n** elementos, então o produto cartesiano **A × B** terá **m × n** pares ordenados. Representamos por A × B = {(a, b) / a ∈ A e b ∈ B}. Também examinamos em detalhes o chamado *gráfico de colunas*, que nos permite representar, com clareza, muitas situações do nosso dia a dia.

Questões para revisão

1. Represente simbolicamente:
   a) Todos os números reais de +3 a +80, excluídos esses números.
   b) Todos os números reais de −5 a +5, incluídos esses números.
   c) Todos os números reais de −12, inclusive, até +4, exclusive.
   d) Todos os números reais menores ou iguais a 54.
   e) Todos os números reais negativos.

2. Em que quadrante estão os pontos a seguir?

   a) A (4, −4)

   b) B (−3, 6)

   c) C (2, 8)

   d) D (−3, −7)

3. Represente no plano cartesiano os seguintes pontos:

   a) A (0, −5)

   b) B (0, 0)

   c) C (−5, −3)

   d) D (2, −1)

6

Exercícios de revisão

1. O número decimal 4 311 324 965 tem _____ classes e _____ ordens.

2. Escreva em algarismos romanos os seguintes números decimais:

    a) 134

    b) 448

    c) 2 555

3. Escreva o número decimal 555 no sistema egípcio.

4. Escreva o número romano MMMCCCLVIII no sistema decimal.

5. Responda o que se pede, considerando os algarismos do sistema decimal de numeração:

    a) Qual é o maior número de 6 algarismos?

    b) Qual é o menor número de 5 algarismos?

    c) Qual é o maior número com 3 algarismos diferentes?

6. Represente, pelo diagrama de Venn, o conjunto A = {verde, amarelo, azul, branco}.

7. Represente entre chaves o conjunto B a seguir:

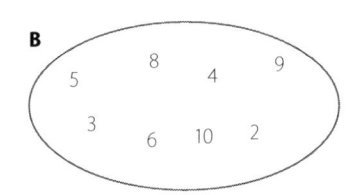

    B contém: 5, 8, 4, 9, 3, 6, 10, 2

8. Represente entre chaves o conjunto B = {x / x é um número ímpar positivo, maior que 4 e menor que 12}.

9. Utilizando os símbolos da relação de pertinência, responda:
Seja o conjunto A = {2, 4, 6, 8, 10}:

    a) 3 _____ A

    b) {4, 10} _____ A

    c) 8 _____ A

10. Utilizando os símbolos da relação de inclusão, responda:
Seja o conjunto A = {2, 4, 6, 8, 10} e o conjunto B = {1, 2, 3, 4, 5, 6, 7, 8, 9, 10}:

    a) A _____ B

    b) B _____ A

    c) {7, 9} _____ A

    d) B _____ {1, 10}

Teoria dos números e teoria dos conjuntos

11. Dados os conjuntos E = {a, e, i, o, u} e F = {a, b, c, d, e, f, g, h, i}:

    a) Represente o conjunto E ∪ F entre chaves.
    b) Represente o conjunto E ∩ F entre chaves.
    c) Represente o conjunto F − E entre chaves.

12. Dados os conjuntos A = {1, 2, 4, 5, 7, 8, 10, 11} e B = {2, 7, 10}, qual é o conjunto complementar de B em A?

13. Dados os conjuntos G = {5, 10, 15, 20, 25} e H = {5, 8, 10, 18, 25}, represente, pelo diagrama de Venn, o conjunto G ∩ H.

14. Dados os conjuntos G = {5, 10, 15, 20, 25} e H = {5, 8, 10, 18, 25}, represente, pelo diagrama de Venn, o conjunto G ∪ H.

15. O total de alunos matriculados no terceiro período do curso de Engenharia Civil é igual a 180. Destes, 100 estão matriculados na disciplina de Cálculo, 110 estão matriculados na disciplina de Física e 60 estudam Cálculo e Física. Responda:

    a) Quantos alunos estão matriculados somente na disciplina de Cálculo?
    b) Quantos alunos estão matriculados somente na disciplina de Física?
    c) Quantos alunos estão matriculados na disciplina de Cálculo ou na de Física?
    d) Quantos alunos não estão matriculados nem na disciplina de Cálculo nem na disciplina de Física?

16. Efetue as seguintes somas:

    a) 444 + 556
    b) 1 489 + 305
    c) 566 + 739
    d) 1 400 + 1 780
    e) 2 + (15 + 7) + 21 + 0
    f) 5 + (5 + 5)
    g) (5 + 5) + 5
    h) 3 430 + 0
    i) 0 + 2 980
    j) 1 456 + 2 387 + 0 + 469

17. Efetue as seguintes subtrações:

    a) 189 − 115
    b) 311 − 104

c) 1 308 − 777 − 345

d) 2 404 − 1 398 − 496

e) 888 − 489 − 123

18. Efetue as seguintes multiplicações:

    a) 12 · (4 + 2)

    b) 15 · (6 + 0)

    c) (5 + 2) · 10

    d) 19 · (1 + 0)

    e) 11 · (1 + 2)

    f) 200 · 15

    g) 50 · 32

    h) 1 906 · 22

    i) 9 312 · 300

    j) 1 234 · 321

19. Efetue as seguintes divisões:

    a) 1 235 ÷ 5

    b) 350 ÷ 14

    c) 4 352 ÷ 8

    d) 1 566 ÷ 27

    e) 27 069 ÷ 3

20. Efetue as seguintes potenciações:

    a) 2^6

    b) 99^1

    c) 22^0

    d) $1^8 \cdot (15 + 5)^0$

    e) $(3^3)^2 \cdot (4 \cdot 2)^2$

21. Efetue as seguintes radiciações:

    a) $8\sqrt{15} + 7\sqrt{15}$

    b) $8\sqrt[4]{5} \cdot \sqrt[4]{5}$

    c) $\dfrac{27}{3} \cdot \dfrac{\sqrt[4]{24}}{\sqrt[4]{8}}$

d) $\sqrt[3]{\sqrt[4]{4\,096}}$

e) $\left(\sqrt[5]{5}\right)^5$

22. Efetue as seguintes multiplicações:

    a) $467 \cdot (-11)$

    b) $(-22) \cdot 179$

    c) $(-445) \cdot (-10)$

    d) $(+388) \cdot (+121)$

    e) $(-520) \cdot (+100)$

23. Efetue as seguintes divisões:

    a) $(+14\,742) \div (-27)$

    b) $(-27\,972) \div (+42)$

    c) $(-60\,025) \div (-245)$

    d) $(-37\,168) \div (+368)$

    e) $(+4\,165) \div (+7)$

24. Efetue as seguintes potenciações:

    a) $(-3)^1 \cdot (-3)^0 \cdot (-3)^3 \cdot (-3)^2$

    b) $(-2)^6$

    c) $-(3)^5$

    d) $[(-2)^3 \cdot 3^2]^2$

    e) $(-3)^2 \cdot (1)^6$

25. Efetue as seguintes radiciações:

    a) $\sqrt{-64}$

    b) $\sqrt[3]{-125}$

    c) $\sqrt[4]{1\,296}$

    d) $\sqrt{-400}$

    e) $\sqrt{196}$

26. Marcel resolveu dar a Kendric $\dfrac{3}{5}$ dos 300 CDs que possuía. Com quantos CDs Marcel ficou?

27. Das 80 bonecas que possuía, Luísa deu $\dfrac{2}{5}$ para Giovana. Quantas bonecas Giovana ganhou?

28. Juliane levou para sua costureira 4 metros de tecido para que esta fizesse um vestido. A costureira falou que iria utilizar apenas $\frac{2}{5}$ desse total. Quantos metros de tecido sobraram?

29. Em uma noite, Pedro contou 32 piadas para Eduardo, das quais apenas $\frac{3}{8}$ tiveram graça. Quantas piadas não foram engraçadas?

30. Álvaro recebeu 50 chamadas telefônicas em um dia, das quais $\frac{3}{5}$ não foram atendidas. Qual o número de chamadas telefônicas que Álvaro atendeu?

31. Determine a forma irredutível das frações:

    a) $\frac{12}{30}$

    b) $\frac{24}{72}$

    c) $\frac{15}{60}$

    d) $\frac{10}{150}$

    e) $\frac{9}{30}$

32. Calcule o mínimo múltiplo comum (MMC) de:

    a) 6, 12 e 36.

    b) 4, 12 e 48.

    c) 5, 10 e 50.

    d) 3, 9 e 81.

    e) 12, 48, 60 e 96.

33. Efetue as operações:

    a) $\frac{2}{5} + \frac{1}{10}$

    b) $\frac{3}{4} - \frac{1}{5}$

    c) $\frac{2}{5} + \frac{3}{4} - \frac{3}{8}$

d) $-\dfrac{3}{8}+\dfrac{5}{8}-\dfrac{1}{8}$

e) $\dfrac{2}{3}-\dfrac{4}{6}-\dfrac{1}{4}+\dfrac{5}{12}$

34. Transforme:

a) A fração $\dfrac{40}{6}$ em um número misto.

b) A fração $\dfrac{24}{5}$ em um número misto.

c) O número $3\dfrac{2}{5}$ em um número fracionário.

d) O número $4\dfrac{1}{8}$ em um número fracionário.

e) O número $6\dfrac{2}{5}$ em um número fracionário.

35. Multiplique as frações:

a) $\dfrac{3}{5}\cdot\dfrac{2}{4}$

b) $2\cdot\dfrac{2}{5}\cdot\dfrac{1}{5}$

c) $\dfrac{(-3)}{2}\cdot\dfrac{(-1)}{7}$

d) $\dfrac{1}{2}\cdot\dfrac{(-5)}{3}\cdot(-3)$

e) $\dfrac{(-3)}{4}\cdot 3\cdot\dfrac{(-1)}{2}$

36. Divida as frações:

a) $\dfrac{3}{8}\div\dfrac{2}{8}$

b) $\dfrac{(-1)}{5}\div\dfrac{1}{15}$

c) $\dfrac{(-3)}{4}\div\dfrac{6}{-8}$

d) $\dfrac{14}{5} \div 7$

e) $\dfrac{2}{15} \div (-3)$

37. Determine o máximo divisor comum (MDC) dos números:

   a) 20, 36 e 12.

   b) 45 e 15.

   c) 90 e 45.

   d) 13, 26 e 52.

   e) 10, 20 e 80.

38. Calcule as potências:

   a) $\left(\dfrac{2}{3}\right)^{8} \cdot \left(\dfrac{2}{3}\right)^{-3}$

   b) $\left[\dfrac{(-1)}{2}\right]^{4}$

   c) $\left(\dfrac{2}{5}\right)^{-3}$

39. Racionalize as frações:

   a) $\dfrac{6}{\sqrt[5]{48}}$

   b) $\dfrac{1}{\sqrt[3]{15} - \sqrt[3]{10}}$

40. Reduza ao máximo as seguintes expressões:

   a) $3\sqrt{15} - 3\sqrt[3]{3} - 2\sqrt{15} + 2\sqrt[3]{3}$

   b) $5\sqrt[4]{7} - 3\sqrt[4]{7}$

   c) $\sqrt[5]{7} - (-2\sqrt[5]{7} + 3\sqrt[5]{7})$

   d) $7\sqrt[4]{9} + 2\sqrt[4]{9} - 5\sqrt[3]{9} + 4\sqrt[3]{9}$

   e) $-12\sqrt[5]{5} - 5(-3\sqrt[5]{5})$

   f) $\sqrt{12} \cdot \sqrt{12}$

   g) $3\sqrt[3]{12} \cdot 2\sqrt[3]{12}$

h) $2\sqrt[3]{6} \cdot (\sqrt[3]{9} \div \sqrt[3]{3})$

i) $8\sqrt{16} \div 2\sqrt{8}$

j) $(-9)\sqrt[3]{8} \cdot (-2)(\sqrt[3]{32})$

41. Efetue as operações de soma e de subtração:

a) $43{,}43 - 4{,}3$

b) $643{,}4104 + 2{,}0093$

c) $-245{,}18 + (-11{,}888)$

d) $-1{,}2133 - (-1{,}00066)$

e) $2\,196{,}150 + 23{,}23$

42. Efetue as operações de multiplicação:

a) $162{,}77 \cdot 2{,}5$

b) $3{,}2241 \cdot 10\,000$

c) $-0{,}2872 \cdot (-1\,000)$

d) $2{,}5321 \cdot (-12)$

e) $6{,}326 \cdot 4{,}13$

43. Efetue as operações de divisão:

a) $459{,}5 \div 10$

b) $2\,997 \div 4{,}5$

c) $-2\,728{,}5 \div 802{,}5$

d) $2\,094{,}1 \div (-487)$

e) $3\,260{,}13 \div 1\,000$

44. Efetue as potenciações:

a) $(1{,}5)^5 \div (1{,}5)^3$

b) $(2{,}6 \cdot 1{,}4)^3$

c) $(0{,}02)^3 \cdot 10^6$

d) $(2 \cdot 10^3) \cdot (4 \cdot 10^2) \cdot (3 \cdot 10^{-1})$

e) $(2{,}2^2)^2$

45. Represente os números a seguir em potências de 10:

a) $0{,}000345$

b) $1\,880\,000$

c) 0,000825

d) 0,000015

e) 0,004321

46. Preencha com o sinal de <, > ou =:

a) $(13 + 7)^0$ _____ +20

b) $\left(\dfrac{1}{3}\right)^{-1}$ _____ +3

c) $\sqrt{5}$ _____ +2

d) −5 _____ −4

e) π _____ $\sqrt{2}$

47. Dados A = [2, 9] e B =]2, 10], determine A ∪ B e A ∩ B.

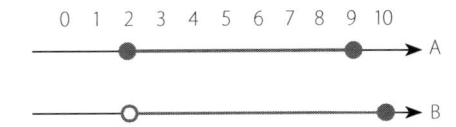

48. Dados A =]−3, 3[e B =]−2, 4], determine A ∪ B e A ∩ B.

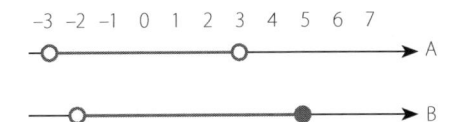

49. Dados A =]0, 7[e B = [−2, 7], determine A ∪ B e A ∩ B.

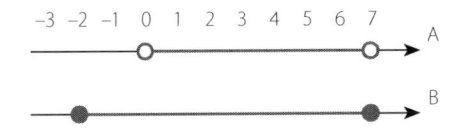

Teoria dos números e teoria dos conjuntos

50. Represente simbolicamente:

    a) Todos os números reais de −13 a +13, excluídos esses números.

    b) Todos os números reais de +8 a +28, incluídos esses números.

    c) Todos os números reais de −1, inclusive, até +22, exclusive.

    d) Todos os números reais menores ou iguais a 0.

    e) Todos os números reais positivos.

51. Em que quadrante estão os pontos a seguir?

    a) A (2, −5)

    b) B (−3, −5)

    c) C (−2, 8)

    d) D (1, 9)

52. Represente no plano cartesiano os pontos:

    a) A (−3, 2)

    b) B (2, 3)

    c) C (−2, −3)

    d) D (3, −2)

Para concluir...

O estudo da matemática, ao contrário do que a maioria das pessoas imagina, é simples, desde que realizado com certo critério. Deve ser seguida uma sequência lógica, com explicações em textos elaborados com simplicidade, em linguagem dialógica, acompanhados de exemplos resolvidos. Após a análise desses exemplos, o estudante deve praticar, resolvendo outros exercícios similares, normalmente indicados na obra que tem em mãos. A coleção *Desmistificando a Matemática* tem este propósito: tornar a matemática de fácil assimilação e permitir a qualquer pessoa uma evolução natural ao longo do estudo dos capítulos.

Referências

CASTANHEIRA, N. P.; MACEDO, L. R. D. de; ROCHA, A. **Tópicos de matemática aplicada**. Curitiba: Ibpex, 2008.

D'AMBROSIO, U. **Educação matemática**: da teoria à prática. 9. ed. Campinas: Papirus, 2002.

IEZZI, G. **Fundamentos de matemática elementar**. 7. ed. São Paulo: Atual, 1993. v. 1.

IFRAH, G. **Os números**: a história de uma grande invenção. 3. ed. Rio de Janeiro: Globo, 1985.

MEDEIROS, V. Z. (Coord.). **Pré-cálculo**. 2. ed. São Paulo: Cengage Learning, 2012.

ROONEY, A. **A história da matemática**: desde a criação das pirâmides até a exploração do infinito. São Paulo: Makron Books, 2012.

TOLEDO, M.; TOLEDO, M. **Didática de matemática**: como dois e dois – a construção da matemática. São Paulo: FTD, 1997.

Respostas

Capítulo 1

Questões para revisão

1. 3 classes e 8 ordens.

2.
   a) LVII
   b) CVIII
   c) MMCCCXLIX

3. 𓏺𓏺𓏺𓏺 ∩∩∩ IIII

4. 2 757

5.
   a) 9 876
   b) 100
   c) 99 999

Capítulo 2

Questões para revisão

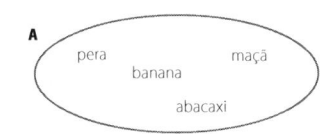

1.
   A: {pera, banana, maçã, abacaxi}

2. B = {s, t, u, v, w, x, y, z}

3. C = {4, 6, 8, 10}

4.
   a) a ∈ A
   b) A ∉ u
   c) d ∉ A

5.
   a) B ⊂ C
   b) C ⊃ B
   c) {7, 8} ⊂ C
   d) B ⊃ {1, 11}

6.
   a) E ∩ F = {1, 2, 3, 4, 5, 6, 7, 8, 9, 10}
   b) E ∪ F = {2, 8, 10}
   c) F − E = {1, 3, 5, 7}

7. $\overline{B}$ = {1, 2, 3, 4}

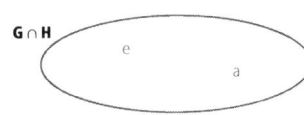

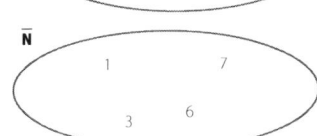

8. G ∪ H: {a, e, o, b, i, d, c, u}

9. G ∩ H: {e, a}

10. $\overline{N}$: {1, 7, 3, 6}

Capítulo 3

Questões para revisão

1.
   a) 569
   b) 1 101
   c) 754

- d) 1 836
- e) 3 846
- f) 21
- g) 17
- h) 4 567
- i) 897
- j) 3 190

2.
- a) 81
- b) 313
- c) 1 599
- d) 640
- e) 0

3.
- a) 8
- b) 20
- c) 21
- d) 9
- e) 10
- f) 2 712
- g) 1 696
- h) 36 852
- i) 3 119 520
- j) 589 852

4.
- a) 87
- b) 21
- c) 561
- d) 65
- e) 987

5.
- a) 32
- b) 78
- c) 1
- d) 1
- e) $729 \cdot 216 = 157\,464$

6.
- a) 5
- b) 2
- c) 3
- d) 6
- e) 100

7.
- a) $7\sqrt{11}$
- b) $8\sqrt[4]{25}$
- c) $5 \cdot \sqrt[5]{4}$
- d) $\sqrt[12]{23}$
- e) $\sqrt[5]{8^5} = \sqrt[5]{32\,768}$

8.
- a) −10 160
- b) −768
- c) 640
- d) 143
- e) −6 500
- f) −432
- g) −555
- h) 432
- i) −77
- j) 66
- k) $(-3)^5 = -243$
- l) 16

m) −32

n) $16^3 = 4096$

o) −3

9.
a) 16

b) −2

c) −3

d) Um radical cujo índice é par e cujo radicando é negativo não tem raiz real.

e) 14

10.
a) 12

b) 12

c) 3,75 metros

d) 18

e) 12

11.
a) $\dfrac{1}{3}$

b) $\dfrac{2}{5}$

c) 6

d) $\dfrac{10}{3}$

e) $\dfrac{3}{5}$

12.
a) 24

b) 36

c) 60

d) 32

e) 120

13.
a) $\dfrac{19}{24}$

b) $-\dfrac{7}{20}$

c) $\dfrac{23}{40}$

d) $\dfrac{4}{24}$ ou $\dfrac{1}{6}$

e) $-\dfrac{7}{60}$

f) $6\dfrac{3}{4}$

g) $5\dfrac{3}{5}$

h) $\dfrac{25}{3}$

i) $\dfrac{30}{7}$

j) $\dfrac{31}{6}$

14.
a) $\dfrac{3}{20}$

b) $\dfrac{6}{25}$

c) $\dfrac{12}{20}$ ou $\dfrac{3}{5}$

d) $\dfrac{6}{15}$ ou $\dfrac{2}{5}$

e) $\dfrac{9}{8}$

15.
a) 3

b) $-\dfrac{6}{5}$

c) $\dfrac{25}{8}$

d) $\dfrac{5}{40}$ ou $\dfrac{1}{8}$

e) $-\dfrac{5}{32}$

16.
a) $2^2 = 4$

b) $3 \cdot 5 = 15$

c) 5

d) $2 \cdot 3^2 = 18$

e) $2 \cdot 5 = 10$

17.
a) $\left(\dfrac{2}{3}\right)^7 = \dfrac{128}{2\,187}$

b) $-\dfrac{243}{32}$

c) $\left(\dfrac{3}{2}\right)^4 = \dfrac{81}{16}$

18.
a) $\dfrac{4}{30} \cdot \sqrt[5]{648}$ ou $\dfrac{4}{3} \cdot \sqrt[5]{648}$

b) $\dfrac{\sqrt{17} + \sqrt{13}}{4}$

19.
a) $3\sqrt{5} - 2\sqrt[3]{3}$

b) $-\sqrt[3]{7}$

c) 0

d) $11\sqrt[4]{9} - 3\sqrt[3]{9}$

e) $\sqrt[3]{4}$

20.
a) $\sqrt{25} = 5$

b) $\sqrt[3]{64} = 4$

c) $8\sqrt[3]{18}$

d) $64\sqrt{256} = 64 \cdot 16 = 1\,024$

e) $-9\sqrt[3]{4}$

f) $8,59$

g) $643,41$

h) $-390,91$

i) $-1,21375$

j) $159,150$

k) $44,604$

l) $643\,410$

m) $23,53$

n) $-4,9296$

o) $3,128$

p) $24,35$

q) $5,36$

r) $-45,8$

s) $-8,1$

t) $3,601$

u) $(2,5)^2 = 6,25$

v) $13,5424$

w) $0,04 \cdot 10\,000 = 400$

x) $10 \cdot 10^5 = 10^6 = 1\,000\,000$

y) $85,766121$

21.
a) $3,48 \cdot 10^{-2}$

b) $9,4 \cdot 10^5$

c) $1,23 \cdot 10^{-3}$

d) $5{,}5 \cdot 10^{-5}$

e) $6{,}532 \cdot 10^{-1}$

Capítulo 4

Questões para revisão

1.
a) $(3 + 6)^0 = +1$

b) $\pi > 3$

c) $\sqrt{2} > +1$

d) $-5 < -\dfrac{3}{5}$

e) $+\dfrac{1}{2} < \sqrt{2}$

2. $A \cup B = \{x \in R \mid 2 \leq x \leq 10\}$
$A \cap B = \{x \in R \mid 2 < x \leq 9\}$

3. $A \cup B = \{x \in R \mid -3 < x \leq 4\}$
$A \cap B = \{x \in R \mid -2 < x < 3\}$

4. $A \cup B = \{x \in R \mid -2 \leq x \leq 7\}$
$A \cap B = \{x \in R \mid 0 < x < 7\}$

Capítulo 5

Questões para revisão

1.
a) $]3, 80[$

b) $[-5, 5]$

c) $[-12, 4[$

d) $]-\infty, 54]$

e) $]-\infty, 0[$

2.
a) 4º quadrante

b) 2º quadrante

c) 1º quadrante

d) 3º quadrante

3.

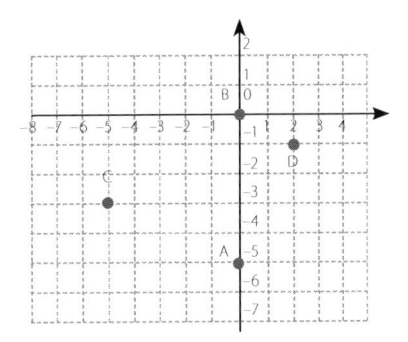

Capítulo 6

Questões para revisão

1. 4 classes e 10 ordens.

2.
a) CXXXIV

b) CDXLVIII

c) MMDLV

3. 𓏺𓏺𓏺𓏺𓏺 ∩∩∩∩∩ |||||

4. 3 358

5.
a) 999 999

b) 10 000

c) 987

6.

7. $B = \{2, 3, 4, 5, 6, 8, 9, 10\}$

8. $B = \{5, 7, 9, 11\}$

9.
a) $3 \notin A$

b) $\{4, 10\} \in A$

c) $8 \in A$

10.
   a) A ⊂ B
   b) B ⊃ A
   c) {7, 9} ⊄ A
   d) B ⊃ {1, 10}

11.
   a) E ∪ F = {a, b, c, d, e, f, g, h, i, o, u}
   b) E ∩ F = {a, e, i}
   c) F − E = {b, c, d, f, g, h}

12. $\overline{B}$ = {1, 4, 5, 8, 11}

13.

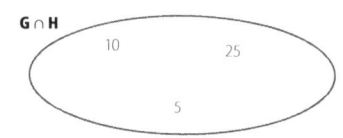

G ∩ H: 10, 25, 5

14.

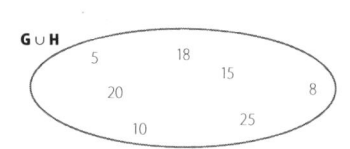

G ∪ H: 5, 18, 15, 20, 8, 10, 25

15.
   a) Matriculados somente em Cálculo (F): 100 − 60 = 40
   b) Matriculados somente em Física (F): 110 − 60 = 50

   Matriculados em Cálculo e em Física (M ∩ F): 60

   c) Matriculados somente em Cálculo ou em Física:
      (M ∪ F) = 40 + 60 + 50 = 150
   d) Alunos que não estão matriculados nem em Cálculo nem em Física:
      180 − (M ∪ F) = 180 − 150 = 30

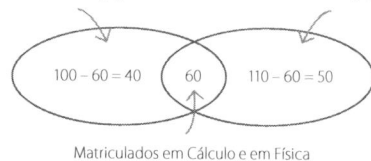

16.
   a) 1 000
   b) 1 794
   c) 1 305
   d) 3 180
   e) 45
   f) 15
   g) 15
   h) 3 430
   i) 2 980
   j) 4 312

17.
   a) 74
   b) 207
   c) 186
   d) 510
   e) 276

18.
   a) 72
   b) 90
   c) 70
   d) 19
   e) 33
   f) 3 000
   g) 1 600
   h) 41 932
   i) 2 793 600
   j) 396 114

19.
   a) 247
   b) 25
   c) 544
   d) 58
   e) 9 023

20.
   a) 64
   b) 99
   c) 1
   d) 1
   e) 26 244

21.
   a) $15\sqrt{15}$
   b) $8\sqrt[4]{25}$
   c) $9\sqrt[5]{3}$
   d) $\sqrt[12]{4096} = 2$
   e) $\sqrt[5]{5^5} = 5$

22.
   a) −5 137
   b) −3 938
   c) 4 450
   d) 46 948
   e) −52 000

23.
   a) −546
   b) −666
   c) 245
   d) −101
   e) 595

24.
   a) $(-3)^6 = 729$
   b) 64
   c) −243
   d) $(-72)^2 = 5\,184$
   e) 9

25.
   a) Um radical cujo índice é par e cujo radicando é negativo não tem raiz real.
   b) −5
   c) 6
   d) Um radical cujo índice é par e cujo radicando é negativo não tem raiz real.
   e) 14

26. 120

27. 32

28. 2,40 metros

29. 20

30. 20

31.
   a) $\dfrac{2}{5}$
   b) $\dfrac{1}{3}$
   c) $\dfrac{1}{4}$
   d) $\dfrac{1}{15}$
   e) $\dfrac{3}{10}$

32.
   a) 36
   b) 48
   c) 50

- d) 81
- e) 480

33.
- a) $\dfrac{5}{10} = \dfrac{1}{2}$
- b) $\dfrac{11}{20}$
- c) $\dfrac{31}{40}$
- d) $\dfrac{1}{8}$
- e) $\dfrac{2}{12} = \dfrac{1}{6}$

34.
- a) $6\dfrac{4}{6}$
- b) $4\dfrac{4}{5}$
- c) $\dfrac{17}{5}$
- d) $\dfrac{33}{8}$
- e) $\dfrac{32}{5}$

35.
- a) $\dfrac{6}{20}$
- b) $\dfrac{4}{25}$
- c) $\dfrac{3}{14}$
- d) $\dfrac{15}{6}$
- e) $\dfrac{9}{8}$

36.
- a) $\dfrac{24}{16}$
- b) -3
- c) 1
- d) $\dfrac{14}{35}$
- e) $-\dfrac{2}{45}$

37.
- a) 4
- b) 15
- c) 45
- d) 13
- e) 10

38.
- a) $\dfrac{32}{243}$
- b) $\dfrac{1}{16}$
- c) $\dfrac{125}{8}$

39.
- a) $\dfrac{1}{8}\sqrt[5]{48^4}$
- b) $\dfrac{\sqrt[3]{15^2} + \sqrt[3]{10^2}}{5}$

40.
- a) $\sqrt{15} + 5\sqrt[3]{3}$
- b) $2\sqrt[4]{7}$
- c) 0
- d) $9\sqrt[4]{9} - \sqrt[3]{9}$
- e) $3\sqrt[5]{5}$
- f) 12
- g) $6\sqrt[3]{144}$
- h) $2\sqrt[3]{18}$
- i) $4\sqrt{2}$

j) $18\sqrt[3]{256}$

41.
   a) 39,13
   b) 645,4197
   c) −257,068
   d) −0,21264
   e) 2 219,38

42.
   a) 406,925
   b) 32 241
   c) 2 872
   d) −30,3852
   e) 26,12638

43.
   a) 45,95
   b) 666
   c) −3,4
   d) −4,3
   e) 3,26013

44.
   a) $1,5^2 = 2,25$
   b) 48,228544
   c) 8
   d) $24 \cdot 10^4 = 240\,000$
   e) 23,4256

45.
   a) $3,45 \cdot 10^{-4}$
   b) $1,88 \cdot 10^6$
   c) $8,25 \cdot 10^{-4}$
   d) $1,5 \cdot 10^{-5}$
   e) $4,321 \cdot 10^{-3}$

46.
   a) <
   b) =
   c) >
   d) <
   e) >

47. $A \cup B = \{x \in R \mid 2 \leq x \leq 10\}$
    $A \cap B = \{x \in R \mid 2 < x \leq 9\}$

48. $A \cup B = \{x \in R \mid -3 < x \leq 4\}$
    $A \cap B = \{x \in R \mid -2 < x < 3\}$

49. $A \cup B = \{x \in R \mid -2 \leq x \leq 7\}$
    $A \cap B = \{x \in R \mid 0 < x < 7\}$

50.
   a)]−13, +13[
   b) [+8, +28]
   c) [−1, +22[
   d)]−∞, 0]
   e)]0, +∞[

51.
   a) 4º quadrante
   b) 3º quadrante
   c) 2º quadrante
   d) 1º quadrante

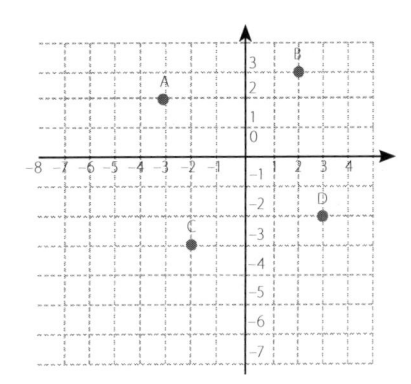

52.

Sobre os autores

Álvaro Emílio Leite é graduado em Física pela Universidade Federal do Paraná (UFPR), especialista em Ensino a Distância pela Faculdade Internacional de Curitiba (Facinter), mestre e doutor em Educação pela UFPR. Ministra aulas de Física e Matemática desde 2001, tendo atuado como professor do ensino fundamental, médio e superior. Em sua trajetória acadêmica, já participou de programas de iniciação científica e projetos de extensão universitária, foi tutor de acadêmicos de Física nas escolas públicas em que atuou, além de já ter participado de vários simpósios e congressos nacionais e internacionais sobre educação. Atualmente, é professor do Departamento de Física da Universidade Tecnológica Federal do Paraná (UTFPR) onde ministra aulas para o curso de Física e cursos de engenharia.

Nelson Pereira Castanheira é graduado em Eletrônica pela Universidade Federal do Paraná (UFPR) e em Matemática, Física e Desenho Geométrico pela Pontifícia Universidade Católica do Paraná (PUCPR). É especialista em Análise de Sistemas e em Finanças e Informatização, mestre em Administração de Empresas com ênfase em Recursos Humanos e doutor em Engenharia de Produção com ênfase em Qualidade pela Universidade Federal de Santa Catarina (UFSC). Atua no magistério desde 1971, tendo exercido os cargos de professor e coordenador de Telecomunicações da Escola Técnica Federal do Paraná, professor do Centro Universitário Campos de Andrade (Uniandrade), professor e coordenador da Universidade Tuiuti do Paraná (UTP), professor e coordenador do Instituto Brasileiro de Pós-Graduação e Extensão (Ibpex), professor e coordenador da Faculdade de Tecnologia Internacional (Fatec Internacional). Atualmente, é pró-reitor de Pós-Graduação, Pesquisa e Extensão do Centro Universitário Internacional Uninter.

Impressão: BSSCARD
Abril/2014